El tiempo

Gabriel Boragina

© Ediciones Libertad

Segunda edición

Gabriel Boragina

El Tiempo

ÍNDICE 3

Prólogo a la primera edición 5

Prólogo a la segunda edición 9

    Kant y el tiempo 9

Capitulo 1. El tiempo. 15

    Naturaleza filosófica. 22

    El carácter "circular" del tiempo. 25

    La cuestión de la reversibilidad. 32

    Micro y macrocosmos. 38

    El tiempo humano. 51

Capitulo 2. Los cambios. 61

Capitulo 3. Percepción. 73

Capitulo 4. Sobre las certezas. 87

Capitulo 5. La mitología del tiempo. 97

Capitulo 6. Los sucesos. 117

    1.1.   Estados y sucesos. 123

    1.2.   Progreso y retroceso. 129

Capitulo 7. La experiencia. 135

Gabriel Boragina

Capitulo 8. El tiempo subjetivo. *143*

    Las palabras. 154

        Lenguaje y matemáticas 154

    Repetición y reversibilidad 158

Capitulo 9. Equilibrio *169*

    Armonía y atemporalidad. 178

    El Control. 182

Capitulo 10. Métodos alternativos para contabilizarlo.......... 195

Epilogo *201*

Prólogo a la primera edición

La intención al escribir este libro fue invitar al lector a meditar sobre un tema del cual siempre todos hablamos, damos por sobreentendido y que creemos conocer a fondo, sin embargo, intuyo que poco sabemos de él y muchas de las cosas que damos por ciertas, merecen al menos, ponerse seriamente en duda. El tiempo es uno de esos temas de los cuales conviene dudarse. Y así lo creo realmente.

Al decir que creo en lo que voy a exponerle al lector aquí, no le estoy sugiriendo que él crea conmigo lo que aquí diré. Este libro no se propone convencer, sino reflexionar; de hecho, fue escrito a medida que he ido reflexionando sobre cada uno de los tópicos que trato y como me resultó un ejercicio interesante, he pensado que quizás, también pudiera resultar del mismo interés a un eventual lector atraído en meditaciones de orden metafísico.

Forzosamente, el tema elegido me llevó a incursionar en terrenos, tanto físicos como metafísicos, y confieso haberme quedado más en los últimos que en los primeros. La física y la metafísica se encuentran una y otra vez en el recorrido de estas breves páginas llevándose bien en algunos casos y no tan bien en muchos otros. No obstante, creo haberme aproximado a una suerte de conciliación entre ambas, al menos en el tópico que aquí abordo.

Personalmente, tanto la cavilación como la exposición del tema me abrió una nueva perspectiva –poco convencional, lo admito- sobre una materia en el cual, durante mucho "tiempo" (¡vaya paradoja!), no creí que hubiera nada nuevo sobre que reflexionar y mucho menos, que cuestionar.

Una advertencia que creo sumamente importante: en el libro utilizo numerosos términos, que son de uso frecuente de disciplinas tales como, la psicología, la sociología y la filosofía. Es primordial que el lector tenga en cuenta que, al utilizar esta terminología que tomo prestada de cada una de estas materias, no es siguiendo ninguna escuela, posición, autor o doctrina, ni filosófica ni sociológica ni psicológica, de ninguna clase en particular. Aún a riesgo de ser considerado un improvisado en la utilización de tal léxico, opino necesario hacerlo, pero con esta aclaración, acerca del cual es el sentido que le doy a estos términos; y que a pesar que en las ramas especializadas, ese vocabulario, tiene significados precisos, por mi parte, los utilizo completa y absolutamente con un alcance coloquial. Si el lector pretende alguna precisión mayor acerca del entendimiento en el que aplico una y cada de esas palabras, mi consejo es que se refiera directamente al diccionario, porque el empleo que hago de ese vocabulario, es el que habitualmente surge de las definiciones que dichas palabras tienen en los diccionarios usuales.

En cuanto a la "originalidad" de estas ideas, realmente no puedo decir demasiado. Lo único que puedo manifestar al respecto, es que no he encontrado libros, ni autores, ni siquiera en las conversaciones que he mantenido con personas conocidas, familiares, o amigos, he podido hallar ideas parecidas a las que voy a exponerle al lector aquí.

Naturalmente, siempre existe la posibilidad, de que alguien a quien nosotros no conocemos, se hubiera ocupado de examinar estos temas, y los haya puesto por escrito.

De todos modos, habremos de insistir, que nuestra pretensión no es ser originales, sino dar un enfoque que puede no ser compartido, pero que, por cierto, no nos parece nada común ni generalizado.

Como dije antes, al hablar de las reflexiones de las cuales surgió este escrito, la intención es hacer que el lector también lo haga (reflexione conmigo), sin necesidad de que comparta ni todo ni parte de mis tesis (fiel a mi principio de exponer más que convencer); y como dejo expresado en el epílogo, pase al menos un rato entretenido y distendido mientras lee esta obrita, como yo le he pasado, escribiéndola.

El autor

Gabriel Boragina

El Tiempo

Prólogo a la segunda edición 9

Kant y el tiempo

Cuando se publicó la primera edición de mi libro *El tiempo*, he de confesar que desconocía que I. Kant en su obra *Crítica de la razón pura*, había abordado el tema del tiempo junto con el del espacio, cuestión de la que me enteré –incidentalmente- a través de un comentario de K. R. Popper, hecho en su libro *Conjeturas y refutaciones* que también leí después de la aparición de aquella primera edición.

Naturalmente, me sorprendió encontrar en I. Kant un enfoque del tema con numerosas aristas en común con el de mi libro y de allí que en esta nueva edición del mismo me pareció sumamente importante hacer esta referencia para que algún lector desprevenido que ya conociera la obra de I. Kant no llegara a pensar que mi trabajo pretendió ser una crítica al eminente filósofo alemán. De ningún modo, ni aun así hubiera tomado conocimiento del tratamiento del tema por I. Kant antes, podría estar yo en condiciones de criticar el trabajo del ilustre pensador alemán, el que -por otra parte- he de confesar también, que no he estudiado a fondo. I. Kant no me resulta un filósofo fácil de comprender en muchos de los tópicos que aborda en su *Crítica* (si, en otros tantos de esa obra), lo que en modo alguno se debe a él, claro está, sino a mi falta de preparación filosófica –no soy un profesional de la filosofía, sino que me considero solamente un aficionado a ella- que me limita en dicha área.

Pero mi libro no es una crítica filosófica. No se procura en él ni se pretende hacer exposición alguna de lo que otros filósofos pudieran haber dicho sobre el tiempo, ni analizar en qué grado el autor de este libro podría estar o no de acuerdo con las tesis de aquellos. No se me escapa que "el tiempo" hubo de ser un tema que preocupara a más de un filósofo a lo largo de la historia de la filosofía. Pero he de insistir que mi trabajo sobre el tema del tiempo no está orientado a hacer un estudio comparativo, ni de posturas filosóficas ni de sus autores, mucho menos aun de las diferentes escuelas. En absoluto. Este libro tiene como objetivo reflexionar sobre aspectos que toda persona pudo, puede o podrá pensar sobre el tiempo ; no es una obra escrita por un filósofo y -en consecuencia- no está dirigida a filósofos, de allí que tampoco se encontrarán en él tópicos tratados filosóficamente, lo que no quita que haga referencias en el texto a libros de filosofía y a sus autores, pero siempre desde la óptica de la persona común y corriente que se acerca con curiosidad e interés a temas ajenos a su área específica, pero que le mueven a reflexionar.

Y así, cavilando sobre aspectos del diario vivir y pensar sobre la materia del tiempo, hemos de rozar -muchas veces- lo que más de un filósofo haya dicho sobre nuestra temática.

Tal es pues el caso de I. Kant, quien es mencionado aquí -simplemente- porque encontramos que su visión del tiempo tiene algunos puntos de contacto con la nuestra y no porque nos aboquemos al estudio de su filosofía; otros lo han hecho con verdadera autoridad y no somos nosotros los más indicados para intentar semejante cosa.

No hacemos -pues- ni la crítica a I. Kant ni tampoco desarrollamos sus puntos de vista sobre el tiempo, nos limitamos sólo a referir las coincidencias —en rigor, aquello en lo que estemos de acuerdo con I. Kant- exclusivamente en el tema del tiempo y en lo que nosotros hayamos podido entender que I. Kant quiso decir en su libro sobre ello.

El Tiempo

Para I. Kant el tiempo es la Forma a priori de toda la sensibilidad (tanto externa como interna). También es el esquema trascendental. En tanto que este último es la representación pura, intelectual y sensible al mismo tiempo, que permite la aplicación de las categorías al material sensible. Según Kant, el tiempo.

A su vez, por *categoría* I. Kant entiende el concepto puro del entendimiento, siendo este último cada una de las formas a priori del entendimiento que nos permiten pensar (organizar y comprender) el material aportado por la sensibilidad. Es decir, -en pocas palabras- un sinónimo de categoría.

Es importante aclarar que I. Kant no acepta el uso extra empírico de las categorías que él entiende como la aplicación de las categorías más allá de la experiencia. Es un uso ilegítimo porque las categorías sólo sirven para pensar el material suministrado por la sensibilidad. Sin este material las categorías son vacías, no sirven para nada.

Y así, dice textualmente I. Kant en uno de los pasajes de su obra: "El tiempo es, pues, solamente una condición subjetiva de nuestra (humana) intuición (la cual es siempre sensible, es decir, por cuanto somos afectados por objetos) y no es nada en sí, fuera del sujeto."[1]

Estas ideas kantianas coinciden de manera casi perfecta con nuestra teoría sobre el tiempo[2]; en otros términos, lo que nos

---

[1] I. Kant, *Critica de la razón pura,* 2º edición, pág. 56

[2] Voy a referirme a menudo a las ideas que expongo en este libro con la palabra *teoría*. Al hacerlo así, no estoy empleando este vocablo en su acepción corriente de "teoría científica", sino que lo haré en un sentido mucho más general. Si se quiere, el lector podrá reemplazar la palabra *teoría* cuando me refiera a mis propios dichos, por otras

proponemos decir aquí -y dar nuestras razones por las cuales creemos en lo que vamos a exponer en este libro- es que el tiempo no es más que una representación pura, intelectual y sensible a la vez, que permite la aplicación de las categorías al material sensible.

Sin embargo, -como ya adelantamos- haremos nuestra propia interpretación de estas ideas kantianas, a la vez que no vamos a limitarnos en modo alguno a ello, sino que ofreceremos al lector nuestra propia concepción, no sobre I. Kant y su teoría del tiempo —insistimos- sino sobre nuestro tema principal: el tiempo, desde nuestro propio y personal punto de vista solamente. Y en este último cometido, es bastante probable que el estudioso de I. Kant encuentre numerosas diferencias entre lo que nosotros exponemos, desde nuestra particular óptica personal, y lo que el profesor alemán haya dicho sobre el mismo tema en su *Crítica de la razón pura*.

Particularmente, he de señalar que I. Kant maneja un vocabulario filosófico que -en gran parte- me resulta ajeno y no va a ser raro que el especialista en dicho autor encuentre en este texto (el mío) un empleo diferente de vocablos que I. Kant utiliza en un sentido determinado.

En mi esfuerzo por darle al lector una exposición en palabras lo más coloquiales posibles, a veces me alejaré de la terminología kantiana y en otras oportunidades expresaré que I. Kant y yo usamos una palabra (tal o cual) en un sentido similar.

Gabriel Boragina

---

palabras tales como: *ideas, pensamientos, conceptos, opiniones, consideraciones, etc.*

El Tiempo

13

Gabriel Boragina

Capítulo 1. El tiempo.

Mas una cosa no podéis ignorar, queridos: que ante el Señor un día es como mil años y, mil años, como un día.
(2Pe 3:8)

Quizá sea este el mito mayor que nos domina a todos. Mucha gente caería al borde de la desesperación si se les dijera que deberían vivir sin relojes ni calendarios. El tiempo es un invento humano. Dios no creó el tiempo. La cita del apóstol San Pedro, dada al comienzo de este capítulo, es elocuente en cuanto a la indiferencia de Dios respecto del tiempo creado por los humanos. Ni siquiera los físicos se ponen de acuerdo acerca de qué cosa sea el tiempo[3]. Einstein ha dicho que el tiempo es relativo. Pero la gente prefiere vivir su vida sin relativismos al respecto del tiempo. Relojes y calendarios son mucho más "seguros" para una enorme mayoría. Hemos inventado el tiempo porque nos da "seguridad". Muchos creen que el tiempo tiene sentido en este mun-

---

[3] Por ejemplo, puede verse una opinión física del tiempo aquí: http://www.juntadeandalucia.es/averroes/copernico/Complementos/tiempo.pdf

do, pero no fuera de él. En realidad, el tiempo no tiene sentido ni en este mundo ni en ningún otro mundo, ya que el tiempo sólo existe en la mente de los hombres. Vivimos en función del tiempo. Al haber olvidado que hemos creado al tiempo, lo hemos convertido en un monstruo que nos tiraniza. Sin embargo, el monstruo podría ser dominado y aun exterminado si tan sólo recordáramos que somos cocreadores con Dios.

Hay por lo menos tres conceptos del tiempo: uno físico, uno corriente, y otro filosófico. En este libro nos ocuparemos brevemente de los tres, no en un orden riguroso al que hemos dado al mencionar las tres concepciones, sino en forma mezclada, como en realidad tenemos los humanos, mezcladas estas ideas en nuestra propia mente. En contexto, la noción corriente o —mejor dicho- común y corriente del tiempo, implicará un concepto físico, ya que hablamos del tiempo y solemos implícitamente pensarlo como un "objeto" físico, externo a nosotros, y que —además- nos controla, llegando —incluso- a pensar en el tiempo como nuestra "matriz" u origen. Esta idea será criticada fuertemente en este libro, critica que, en rigor, implicará el intento de demostración de la falsedad de dicha concepción común y corriente. También pensamos en el tiempo como un objeto físico, pero en el cual nos movemos, es decir, asimilamos la idea de tiempo a la de espacio, pero hablamos muchas veces del tiempo como un espacio no físico, sino un espacio invisible en el que nos movemos, o, mejor dicho, departimos del tiempo como de un espacio invisible en el cual somos como movidos por él. Así, es frecuente encontrar expresiones tales como la de que estaríamos "insertos en el tiempo" como si se tratara de un espacio invisible, diferenciado del espacio visible que ocupa nuestro cuerpo. Según esta última idea, tiempo y espacio vienen a ser una sola y misma cosa.

El tiempo, su invención, ha sido otra forma de limitarnos. Los humanos adoran los límites, porque "límite" significa seguridad, certeza. Un mundo sin tiempo sería un mundo sin límites,

El Tiempo

sin seguridades ni certezas, un mundo de incertidumbre. Este es el mundo real, pero como no aceptamos la realidad, por eso mismo hemos inventado el tiempo, como una forma de sentirnos seguros, o un medio para ello. Sin embargo, no se trata más que de un mero escapismo para huir de la cruda realidad de un mundo atemporal. Cuando decimos que los humanos adoramos los límites, cabe hacer una importante aclaración. En realidad, tenemos que hablar de que somos afectos a auto limitarnos, pero fuertemente contrarios a aceptar límites impuestos por otros, siempre y cuando esos límites que otros pretenden imponernos no se adecuen a preconcepciones nuestras sobre la legitimidad del límite. Tenemos límites conscientes e inconscientes. Forzosamente, aceptamos los segundos, porque, verdaderamente, no tenemos conciencia de ellos, salvo cuando los hacemos conscientes. Sin embargo, son manifiestamente conscientes para nosotros los límites que intentan imponernos los demás y que no hayan sido adquiridos en las primeras etapas de nuestra vida (típicamente en nuestros hogares paternos y maternos). El tiempo es un auto límite, adquirido inconscientemente durante las primeras etapas de nuestra vida, en nuestros hogares, escuelas y medio ambiente en general, que vamos incorporando paulatinamente, y que se refuerza en la vida de relación en periodos posteriores, ya que todos hemos sido sometidos al mismo proceso en cuanto al "límite del tiempo".

En verdad, podemos tener una certeza más o menos inmediata acerca del espacio como entidad limitada, ya que el límite del espacio —al menos el que nos rodea- es relativamente fácil de comprobar y corroborar, se trata de un límite físico más o menos cierto, esto es cognoscible. Sin embargo, con el tiempo no pasa exactamente lo mismo; no conocemos el límite del tiempo, y lo que generalmente mal llamamos tal, no es ninguna otra cosa que la duración que arbitrariamente atribuimos al mundo sensible y a sus elementos. Pero esto también es engañoso, porque como veremos más adelante, el tiempo es duración y la duración es el tiempo, con lo que el tiempo se torna indefinible. Esta indefinición lo torna sospechoso de inexistencia, y lo transforma casi en forma automática, en un mero artilugio humano, nacido de una percepción pura, la de sucesión. En efecto, una de las cosas que designamos con la palabra *tiempo* es, precisamente, la percepción humana por la cual las cosas se suceden ante nuestros sentidos y en nuestro intelecto. Es pues, a esta percepción a lo que damos el nombre de *tiempo*, pero la mayoría de la gente va mucho más allá y convierte esta percepción en un dogma de fe, por medio del cual, afirma en su diario hablar y pensar que el tiempo sería más que una mera percepción, atribuyéndole una realidad física que no posee, y llegando al extremo de atribuirle "propiedades" como si fuera un ente físico o agente, entre las cuales la más corriente es la de movimiento. De allí, la expresión tan corriente como falaz, siempre escuchada o leída del "transcurrir", palabra esta que aplicada al tiempo alude a la idea de movimiento. Pero esto es falso, porque para que algo se mueva debe tener algún tipo de substancia física, sea ya en forma de partícula o de onda, y no tengo noticias de ningún científico, ni de ningún otro ser humano que haya demostrado la "naturaleza" corpuscular u ondulatoria del tiempo, y si este no tiene este tipo de naturaleza, resulta -por consiguiente- que es imposible medirlo o contarlo, al no ser a su vez posible detectarlo por ningún medio. En consecuencia, no cabe ninguna otra conclusión que la siguiente: el tiempo tal y como la gente habla de él, no existe.

Puede, hoy en día, resultarnos tal vez curioso y extraño saber que antiguamente cada pueblo y cada tribu tenían su propia manera de medir el tiempo; es decir, existían múltiples relojes y calendarios. No era uniforme para todos los pueblos de la antigüedad muy remota la contabilización de días, horas, meses y años. Tales palabras eran inexistentes o eran utilizadas otras expresiones y para lo que hoy representan la duración de horas, días, semanas, meses y años, era bastante diferente a la que hoy -

El Tiempo

casi de manera uniforme- rige a nuestra cultura. A medida que las culturas se fueron uniformando, también se vio la necesidad de hacerlo con la cuantificación del tiempo. Se fue haciendo necesario encontrar un criterio igual para medir el tiempo. Porque el tiempo no es más que una unidad de medida y ninguna otra cosa más que eso, aunque para nuestra cultura de hoy sea mucho más que eso. Los usos comerciales y las operaciones mercantiles a plazo, influyeron, de alguna manera, para que la gente se pusiera de acuerdo en la contabilidad del tiempo, fuera de ello, antiguamente, el tiempo se medía por las estaciones climáticas. No es, sin embargo, el objeto de este libro reseñar una historia del tiempo. Baste señalar que la necesidad de contabilizarlo obedeció a causas muy diferentes por las cuales hoy día se lo registra casi de manera obsesiva. Sucedía que de algún modo había que lograr que la gente realizara actividades comunes entre sí, y para ello se hizo necesario inventar el tiempo, eso era todo. La búsqueda de un punto de encuentro para conseguir un medio de cooperación social, o de lo contrario, de no-cooperación; así el tiempo también se hizo necesario para poder guerrear, determinar fecha "cierta" para invadir el territorio enemigo, en suma, la invención humana del tiempo nació, a su vez, de múltiples necesidades, también humanas, pero que en todos los casos siempre involucraba a seres humanos entre sí. Por ello, aquí insistiremos en la noción del tiempo como medida convencional, y reduciremos lo que el vulgo considera "tiempo objetivo" o "tiempo físico" a simplemente lo que nosotros creemos que el tiempo es, un simple patrón de medida convencional y nada más que eso. Y como tal, reiteremos, a un producto meramente intelectual, sin existencia física fuera del sujeto que lo imagina. De la misma manera que los números con los que manejamos la aritmética y las matemáticas no existen -ni objetiva ni materialmente- fuera de nuestra mente, otro tanto sucede con lo que llamamos "el tiempo".

Gabriel Boragina

Una de las tesis de este libro es que culturalmente hemos sido convencidos que el tiempo es literalmente su medida y viceversa, lo que hace confundir el instrumento de medición con lo que se debe medir. Queremos decir que la mayoría cree que el tiempo no sólo se mide a sí mismo, sino que impone su medida a todo lo existente, en otras palabras, la gente habla del tiempo como del dios Cronos de los antiguos, implícitamente esta figura mitológica sigue viva en cada uno de nosotros, lo que se refleja en la forma en que hablamos y las frases que utilizamos, empleando falacias tan habituales y repetitivas como "la tiranía del tiempo" o "el transcurso del....", etc. expresiones que, de tanto oírlas, leerlas y repetirlas, llegamos a convencernos de su existencia, convirtiendo mentalmente lo que no es más que un mito, en una "realidad". El tiempo es un mito social, pero puede ser y normalmente es, una realidad individual y personal de cada uno de nosotros.

De todos modos, parece ser que la sumisión del hombre al tiempo también es de antigua data y varía de cultura a cultura, de pueblo a pueblo, de región a región. El tiempo parece que siempre se relacionó con el movimiento de los astros y de allí en más creció una indisoluble unión entre las nociones de tiempo y movimiento, noción que perdura hasta nuestros días. La asociación de las palabras "transcurrir" "pasar" o "devenir" inmediatamente coligadas a la de tiempo así permite denotarlo, ya que trascurre, pasa o deviene solamente aquello que se mueve, pero como nunca nadie ha visto al tiempo (al menos yo nunca lo vi ni conozco nadie que lo haya visto, oído o sentido) tengo que concluir que nuestro amigo "tiempo" no se comporta de ninguna de esas maneras, es decir, ni "pasa", ni "trascurre", ni "deviene", porque sencillamente no se ha podido probar su existencia física, en consecuencia, carece de cualquier tipo de existencia, excepto la que albergue en nuestra imaginación o en la conversación cotidiana, o como protagonista de cuentos, poesías y de novelas. Solamente allí podremos encontrar al tiempo, pero no en ningún otro lugar.

El Tiempo

El diccionario define el **tiempo** como *"m. Duración de* las cosas sujetas a mudanza"[4] en tanto que **durar** el diccionario lo define como *"Tiempo que dura una cosa".*[5] En esta ironía, que consiste definir con lo definido, se traduce el tiempo. El "tiempo" es "durar" y "durar" es el "tiempo". En una palabra, el diccionario no sabe lo que *es* el tiempo, aunque *cree* saberlo, como invariablemente nos pasa a todos. Y nos quedamos sin saber lo que es, aunque estamos convencidos que lo sabemos. Y ya tenemos varios cargos contra el tiempo, no podemos analizarlo en el laboratorio, no podemos verlo a través del microscopio ni del telescopio, y tampoco podemos definirlo con palabras, es decir, se van acumulando pruebas en contra de su existencia, pero -a pesar de ellas- sorprendentemente nos hemos convencido de una "realidad" que no tiene, excepto en nuestras mentes, ya que allí ha nacido la idea de tiempo y solamente allí reside y en ninguna otra parte. El tiempo que llamamos "objetivo" es -en realidad- una creación puramente subjetiva, como bien lo ha señalado I. Kant.

En lo que sigue, intentaremos abordar la cuestión del tiempo y aproximar al lector a algunas de nuestras ideas sobre tal problemática sin, desde luego, pretender agotar el tema ni mucho menos. Esta es simplemente una óptica personal, si se quiere muy personal del autor de este libro. Por lo pronto, hasta aquí ya le hemos brindado al amable lector algunos de los elementos principales sobre los cuales desarrollaremos la explicación, las ideas eje o centrales de la temática, todas las cuales girarán en torno a demostrar o intentar hacerlo, que el tiempo "objetivo" es un mi-

---

[4] *"tiempo", Enciclopedia Microsoft® Encarta® 99.* VOX - Diccionario General de la Lengua Española, © 1997 Biblograf, S.A., Barcelona. Reservados todos los derechos.
[5] " duración", Enciclopedia Microsoft® Encarta® *99.* VOX - Diccionario General de la Lengua Española, © 1997 Biblograf, S.A., Barcelona. Reservados todos los derechos.

to, el más grande y -a la vez- el más injustificable e increíble de todos los mitos humanos, cuya notable sobrevivencia no deja aun de sorprendernos.

Naturaleza filosófica.

Es frecuente confundir los "sucesos" con el tiempo. Definimos "suceso" como la realización de un hecho o acontecimiento. Un suceso es -por ejemplo- una moneda cayendo. Ahora bien, una moneda pudo haber caído en el pasado, puede estar cayendo en el presente o podría estar cayendo en el futuro. Eso sería una moneda cayendo "en el tiempo". Pero una moneda que "cae" o "cayendo", sin ninguna aclaración temporal adicional, no representa por sí un suceso temporal. Por eso, desde un punto de vista, podría sostenerse que es incorrecto asociar "suceso" a "tiempo", podrían existir "sucesos" temporales y otros atemporales. Desde este ángulo, pueden existir sucesos pasados, presentes, futuros y aun atemporales, lo que tiene que ver con distintas dimensiones del tiempo. Lo que le da "temporalidad" a los sucesos es la forma en que hablamos de ellos al conjugar los verbos que les aplicamos. Si decimos "cae, cayendo" hablamos en tiempo presente, lo que no significa que la moneda esté cayendo ahora. Sólo **decimos** que lo hace ahora. Pero puede existir un divorcio entre lo que decimos y lo que realmente sucede. (Ver al respecto "Las palabras y el tiempo".). En este primer sentido, el tiempo no es más que una cuestión verbal, o más simplemente, no es más que una conjugación verbal, de donde podemos deducir que no hay un solo tiempo, sino que hay como mínimo tres: pasado, presente y futuro. El tiempo sólo existe en nuestro hablar y en nuestra manera de conjugar los verbos, y no más allá. Si decimos que el tiempo es limitado, es porque limitada es nuestra capacidad de hablar, porque hemos limitado el tiempo a tres modos o maneras de ser: pasado, presente y futuro. Pero esto sigue siendo un mero convencionalismo social y verbal, que no demuestra la existencia física o externa de una materia llamada tiempo.

El Tiempo

Ahora bien, hay otra forma de entender un "suceso". Puede entenderse como una cosa que ocurre después de otra, por ejemplo "B" sigue a "A". Si el tiempo se entiende como una cadena de sucesos ¿en qué "tiempo" se estarían verificando sucesos que tienen lugar en distintos sitios en el mismo instante? Todos esos "sucesos" no serían "sucesos" porque todos ellos se estarían experimentando al mismo "tiempo". Mientras yo escribo esto ahora, mi vecino mira televisión. No serían "sucesos" en el sentido que uno **sucede** al otro y tendríamos que apelar a la paradójica expresión de **sucesos simultáneos**. Aquí más que de "suceso" habría que hablar de hechos o acontecimientos que se producen *en un mismo tiempo objetivo*. Tampoco serían "sucesos" en la medida que el hecho de escribir no está vinculado ni relacionado con el de la otra persona que mira televisión. Son más bien hechos independientes y aislados que, no obstante, se llevan a cabo en el mismo instante. Inventamos el tiempo simplemente por nuestra incapacidad de percibir hechos simultáneos. Sólo podemos percibir –naturalmente- fenómenos sucesivos, no simultáneos. Pero esa incapacidad psíquica (o física) para percibir hechos simultáneos no implica por sí misma, la existencia de un "tiempo" en el sentido de sucesión de hechos o de cadena de hechos para ser más explícitos. El universo sólo muestra cambios. Nosotros somos los que enmarcamos esos cambios dentro de "algo" que llamamos "tiempo". Por ejemplo, los planetas giran en torno del sol. Simplemente giran. Hemos sido los humanos los que hemos inventado que, v.gr., la Tierra "tarda doce meses" en dar una vuelta completa al sol. Ni el sol ni la Tierra están **enterados** de esta invención humana, y menos aún se adecuan a ella como muchos creen. La Tierra y los demás planetas sencillamente giran, cada uno a su ritmo, cada uno a su velocidad. Nosotros inventamos la unidad de medida por la cual decidimos que el planeta X tarda X "meses" o "años" en dar una vuelta completa alrededor del sol. Términos tales como "doce, meses, años", etc. sólo son palabras que aplicamos a objetos en movimiento para designar el movimiento o para "controlarlo", en algunos casos. Los "doce meses" de traslación alrededor del sol no están dentro del movimiento de la Tierra, sólo están dentro de nuestras cabezas y en ninguna otra parte, del mismo modo que toda asociación de las palabras *movimiento y tiempo* es puramente imaginario o mental.

De cualquier modo, este simple convencionalismo, -que comenzó y sigue siendo un simple convencionalismo- se toma como una realidad, como algo verdadero, absoluto y objetivo. Actualmente, los físicos parecen aceptar la "existencia" de dos grandes "tiempos" diferentes. El tiempo de la Tierra y el tiempo del universo. Parecería que para el tiempo de la Tierra se admite la física clásica (Newton) en tanto que para el tiempo del universo se asiente la física relativista (Einstein). Pero los humanos - como microcosmos- tenemos en nuestros cuerpos un tiempo relativista que -simplemente- ignoramos. Como creemos ser productos del mundo físico y de la Tierra física, hemos decidido adoptar el tiempo físico de la Tierra[6], cuando nuestro tiempo real es un tiempo relativista. De esta manera podemos decir que los humanos en lugar de tener un tiempo universal tenemos (por propia adopción) un tiempo terrestre.[7]

Por lo pronto, resulta altamente revelador que en el campo de la física se haya terminado admitiendo la existencia de dos dimensiones temporales diferentes (la clásica newtoniana y la relativista einsteiniana) cuando antes de Einstein sólo se reconocía físicamente una sola (la clásica de Newton). Esto abre las

---

[6] *Tiempo físico de la tierra* alude en rigor al tiempo creado por los humanos y que aplicamos a los fenómenos terrestres y a las relaciones entre estos fenómenos y el resto del universo, como, asimismo, por supuesto, a los fenómenos naturales humanos.

[7] Ver la nota anterior.

El Tiempo

puertas a que puedan existir muchas más clases o tipos de tiempo, que es lo que verdaderamente intuyo, y que es de lo que me propongo hablar en el resto de este libro. El primer paso es un planteo simple, si la física ha debido admitir al menos -y por el momento- dos tipos de tiempos diferentes (clásico y relativista) no cabe suponer que no pueda seguir reconociendo más clases de tiempo *con el tiempo* (valga la redundancia, algo jocosa).

De cualquier manera, no deseo limitar esta exposición a un análisis físico-químico del tema, lo que no dudo sería de sumo interés y utilidad para muchos de mis lectores. Nuestra intención es muchísimo más modesta y como anticipáramos en el prólogo, más de orden metafísico. Por lo cual, aspiro enfocar el tema con relación al hombre, al ser humano en concreto, lo que -claro está- tendrá amplia repercusión sobre lo físico, porque no es verdad –sostengo- que exista un divorcio entre física y metafísica. En realidad, la primera deviene de la segunda, pese a que esta afirmación moleste (y mucho) a los físicos, que suelen estar embanderados dentro de la corriente positivista, que rechaza cualquier clase de metafísica como mera superstición. Nuestro enfoque metafísico siempre supondrá que la premisa por la cual la física deriva y depende de la metafísica es valedera; vale la pena advertirle al lector en este punto la inferencia que manejaremos en el resto del texto.

El carácter "circular" del tiempo.

La mejor referencia que tenemos del tiempo son los relojes que los humanos han inventado. Lo que se considera tiempo "objetivo", es "objetivo" –simplemente- porque el punto de referencia que se toma para el mismo, es el movimiento de los cuerpos celestes. De allí, que los primeros relojes que tenían en cuenta un movimiento circular de los astros, basados en la teoría geocéntrica del universo de Ptolomeo, midieran el tiempo de acuerdo a la frecuencia del día y la noche. Con las teorías de Copérnico y Newton y el descubrimiento de órbitas elípticas (y no circulares), se consiguió explicar -en cierta forma- la razón por la cual los calendarios no tenían, todos, la misma cantidad de días, y porque los días no tenían todos ellos, en forma exacta, la misma duración que las noches. Sin embargo, el origen de los calendarios y relojes fue fruto de lo que llamaremos el *tiempo astronómico*, que puede decirse es el comienzo de la noción física del tiempo, tan popular hoy en día y por la cual se acepta casi en forma unánime que el tiempo tiene existencia absoluta, tal como postulaba la física de Newton. Nuestros modernos relojes y calendarios derivan de este *tiempo astronómico* que -puede decirse- es nuestro tiempo oficial y al que casi todo el mundo considera el único tiempo existente.

Simultáneamente, con el origen del tiempo astronómico aparece el tiempo astrológico, que podría -en cierta manera- considerarse el punto de partida de la dependencia psicológica tan marcada que se tuvo desde su mismo principio y hasta nuestros días respecto del tiempo. La astrología, mediante el concurso del tiempo astrológico pretende una relación directa entre los fenómenos celestes y la psicología humana.

De todos modos, el artificio del reloj no puede —claro está- controlar fenómenos naturales, tales como las estaciones climáticas y los cambios en la rotación de la tierra sobre su eje, que, entre otras manifestaciones, determinan que el sol no "salga" ni se "ponga" todos los días del año a la misma "hora" que señalan los relojes. La precisión —mayor o menor- de un instrumento de medición (cualesquiera que fuere) no ejerce influencia ni dependencia alguna sobre el objeto que se pretende medir.

Nuestra mente entrenada en la filosofía cartesiana, basada en un orden de estricta regularidad, no podía explicarse estas asimetrías y tendía a verlas como rarezas o caprichos de la naturaleza. Somos reactivos al caos y repugna a nuestra sensibilidad toda aquella conducta o fenómeno que no se ajusta a nuestros patrones de "orden", lo que -de inmediato- nos impulsa a querer "ordenar" lo que –a primera vista- nos parece "desordenado". El tiempo, los relojes, los calendarios, las matemáticas, al fin de cuentas, buscan ese "orden", aunque sea por medios artificiales. Con esto no pretendemos negar que en el mundo natural existe una cierta regularidad en los fenómenos, más, con todo, dicha regularidad no es absoluta y baste para afirmar esto las revelaciones producidas por la física relativista y la cuántica, dos ejemplos del mundo material que, para sorpresa de nuestra cultura newtoniana y cartesiana, son una patente demostración de un mundo de tendencias no uniformes, más que de regularidades.

La popular idea de una "flecha del tiempo", no se condice pues con el carácter circular o elíptico (para ser más precisos) de la naturaleza, ya que originariamente tomamos la idea del tiempo del movimiento de los astros, para más tarde independizar a la entidad "tiempo" de toda relación con los objetos concretos y darle autonomía y existencia propia. En una tercera etapa (que es la actual) volvimos a relacionar el tiempo con las cosas físicas, pero esta vez haciendo depender a dichos objetos físicos de aquel. Hoy, creemos que el tiempo es el autor de las cosas, cuando ha sucedido exactamente al revés: las cosas, y fundamentalmente, nuestra mente aplicada a esas cosas, es la autora del tiempo. Entonces, una de nuestras premisas será que las cosas no nacen del tiempo sino -a la inversa- el tiempo nace de las cosas y de las personas o de sus mentes con más exactitud. Lo mismo vale para la popular idea de que las cosas aparecen *en* el tiempo, esta afirmación -dada por sentada por casi todo el mundo- es sostenida –incluso- por algunos físicos como analizaremos en el curso del texto, pero dicha opinión no se basa en ningún descubrimiento físico, por lo que luce antojadiza, admite la existencia de lo que se da en llamar *tiempo* cuando lo que tales autores deberían demostrar es esa misma existencia antes de presuponerla sin más. Pero volveremos más adelante sobre este punto.

En el mundo real o -por lo menos- en lo que científicamente conocemos de él, no hay tal cosa como una "flecha del tiempo". El tiempo no se mueve por sí mismo, no tiene existencia física y, por todo ello, tampoco se dirige a ninguna parte. ¿De dónde podría provenir esta extraña idea por la cual pensamos en el tiempo como un "devenir" como una especie de "flecha" que se dirige hacia alguna parte? Parece que la imagen provenía de muy antiguo, por lo menos desde el filósofo griego Heráclito en adelante fue tomando cuerpo. Con Heráclito, muchos autores posteriores adoptaron esa idea, que se mantiene casi sin variantes hasta nuestra época y -en poco más o menos- todas las culturas.

Lo lógico es que, antes que novelistas, poetas y científicos hablaran de una "flecha del tiempo", la misma ciencia debería haber descubierto la molécula o el átomo del tiempo, con lo cual, recién después de tal hipotético descubrimiento, podría haberse observado su movimiento y determinar cuál era la dirección de este. Sin embargo, sabemos que nada de todo esto ocurrió, nadie descubrió la *partícula* ni la *onda* del tiempo, por ende, nunca hubo nada al respecto que observar ni que medir. ¿Por qué entonces seguimos hablando de una "flecha del tiempo"?

Parece ser, que la única explicación valedera es que seguimos repitiendo a los antiguos filósofos, que, desde Platón en adelante, han especulado con toda suerte de ideas, entre las cuales, desde luego, no podía estar ausente la del tiempo. Para ellos, el tiempo tenía existencia física y se movía como una flecha, pero claro, en aquellos entonces se tomaban muy en serio tales tipos de pensamientos filosóficos, hasta el punto que prácticamente cualquier cosa que pudiera derivarse de ellos se confundiera frecuentemente con la realidad y la verdad. Y de este modo, inadvertidamente, pasó a ser "obvio" que el tiempo se "moviera" en línea recta, es decir, fuera rectilíneo, homogéneo y continuo. Tres características que, como dejamos dicho, le otorgaron los antiguos filósofos en sus lucubraciones metafísicas, pero que jamás pudieron ser ni comprobadas ni constatadas por la ciencia. Aun cuando la ciencia se adhiriera con entusiasmo a tales meditaciones filosóficas, al menos hasta Einstein podemos decir que la ciencia y aun la física misma dentro de ella, participó de la idea de que el tiempo poseía estas tres características: Continuidad, homogeneidad y movimiento rectilíneo.

Resulta por demás interesante, que ni siquiera los instrumentos que el hombre ha inventado para medir el tiempo puedan servirnos para probar ese supuesto "movimiento uniforme y rectilíneo" en forma de "flecha". El instrumento por excelencia utilizado para "medir" el tiempo, a saber: el antiguo, popular y conocido reloj; no sigue un movimiento uniforme ni rectilíneo, sino circular: al llegar al minuto cincuenta y nueve vuelve al minuto cero, y en materia de horas, al llegar a las doce vuelve a comenzar en la una. Si se quiere seguir pensando en el tiempo "moviéndose" como en forma de "flecha" habrá que cambiar la idea de una flecha rectilínea por otra circular. Esto último, está más conteste con la idea original del tiempo que tuvieron los primeros astrónomos, cuando tomaron el movimiento de los cuerpos celestes para inventar el tiempo. Y repito lo de **inventar**, ya que literalmente el tiempo se trata de un invento típicamente humano. Ni divino ni "natural".

El ciclo circular del tiempo (por llamarle de alguna manera) se condice además con la sucesión día-noche-día, las estaciones climáticas y –como ya señalamos antes- el movimiento elíptico de los astros; del cual las anteriores son naturales consecuencia. Conforme a lo dicho, el tiempo no vendría a ser sino otro nombre para la palabra *movimiento*.

Gabriel Boragina

En realidad, la idea de *movimiento* reside en nuestra mente; la naturaleza de nuestra mente no es estática, sino dinámica, de allí que relacione en forma permanente todos los objetos captados por nuestros sentidos con la noción de movimiento. Para ser más exactos; lo que nuestra mente concibe y percibe es la sucesión de hechos y objetos, confundiendo esta sucesión con la idea de movimiento. Incluso nuestro pensar se nos muestra como una sucesión de ideas que cambian (se mueven). Y así, generalizamos y creemos -de manera casi natural- que, sí la Tierra -en la que estamos insertos- se mueve, el tiempo también debería moverse con ella, aunque sería más propio decir, que, en realidad, en lo que creemos, es que el tiempo "mueve" a la Tierra (y todo lo que ella contiene) y no a la inversa. Y eso no es todo, debido a nuestro hábito inductivo inferimos que el tiempo no sólo "mueve" a la Tierra sino a todo lo que hay dentro y fuera de ella.

Otra idea que se aplica con frecuencia al tiempo, es la teoría de la gravitación de Isaac Newton. De manera muy natural, tal como esta teoría lo explica, nos hemos acostumbrado a aceptar la aplicación de las leyes del movimiento de Newton a todo lo existente, incluso -desde luego- también al tiempo. En rigor, esa "flecha" en la que pensamos, o nos han acostumbrado a pensar, creemos que es rectilínea en sentido descendente, y sospechamos que, en algún lado debe "caer"; en "alguna" parte debería "finalizar", es decir, aplicamos a nuestra "flecha" otro par de ideas de la que nos cuesta separarnos, las ideas de principio y de fin.

Pero tal como adelantamos previamente, estas últimas ideas son –relativamente y en una perspectiva histórica- bastante recientes; los primeros astrónomos no creían en nuestra hoy tan popular "flecha", cuando pensaban en el tiempo. Claro está, que otro cantar era la cosa en materia religiosa, donde las profecías estaban a la orden del día, y donde conocer el futuro no sólo era un valor en sí mismo, sino que era clave para la humanidad. Curiosamente, nuestra ciencia moderna conserva mucho (o todo, tal

El Tiempo

vez) de ese elemento religioso que busca en la profecía su última finalidad. Con todo, el valor profético en las religiones tenía una buena cuota de atemporalidad ; en efecto, el profeta era aquel que veía el futuro, pero no como futuro, sino como presente, y cuando habla del futuro lo hacía como quien veía en el hoy lo que sucedería mañana, cualidad que era determinante a la hora de calificarlo como profeta, y cosa curiosa, la profecía, en la medida de su exactitud, revelaba una suerte de atemporalidad (al menos en la persona del profeta) de modo tal, que al decir de los profetas, no había distinción entre el pasado, el presente y el futuro, o sea casi tanto como afirmar algo parecido a lo que sostenemos en este libro : la inexistencia física y objetiva de tiempo.

Por nuestra parte, ya hemos adelantado la convicción firme por la cual negamos existencia física a lo que llamamos "tiempo", ergo, carece por completo de sentido entrar a discutir sobre sus llamadas "características" (si se mueve o es estático, si es una flecha, un rombo, un círculo o un cuadrado, etc.), lo que no existe, sencillamente, no existe y punto. Claro está que esto, se refiere al tiempo que medimos con relojes y calendarios. El tiempo que, si existe, es el que inventamos nosotros en nuestras mentes y que solamente allí reside, y que como obra enteramente nuestra, se encuentra bajo nuestro completo dominio y absoluto control, no obstante, lo cual, resulta bastante raro que ejerzamos en plenitud tal dominio y control. A este tiempo le hemos dado —en este libro- el nombre de **tiempo subjetivo**, y es —considero- el único sobre el cual podemos adquirir algún tipo de certeza sobre su presencia y naturaleza. Es aquí donde coincidimos con I. Kant en cuanto a la subjetividad del tiempo, pero dicha coincidencia irá complementada con algunas consideraciones no kantianas, sino propias (o ajenas, en la medida que hubieran sido ya formuladas por quienes no conozco al momento). Por lo pronto, adelantaremos que el tiempo subjetivo que postulamos como único tiempo existente, puede ser controlado de manera absoluta por cada uno de nosotros en la medida que lo reconozcamos y no adoptemos en su lugar el tiempo físico y objetivo en el que cree la mayoría de la gente. Ese control que tenemos sobre nuestros tiempos propios incluye, naturalmente, la posibilidad de adoptar patrones de medida del mismo que difieren en forma completa del tiempo oficial (tiempo *oficial, objetivo, físico, externo*, etc. serán utilizadas en este libro como expresiones sinónimas. Al emplear una, el lector está autorizado -perfectamente- a reemplazarla por cualquiera de las otras).

La cuestión de la reversibilidad.

Incluso los físicos y científicos están descubriendo (o especulando quizás) que el tiempo podría ser reversible[8] lo que implicaría que no solamente podríamos —si nos lo propusiéramos- revertir "el tiempo" del crecimiento de nuestras células, sino que podríamos revertir el tiempo de vida de nuestros órganos físicos. Y ello aún podría ocurrir sin que tuviéramos plena conciencia del fenómeno. Desde luego, estas especulaciones podrían considerarse en la medida de que se sostenga la existencia de algo llamado "tiempo" en el sentido convencional (vulgar) del término. Una de las conclusiones de este trabajo, es que, sin embargo, no existe nada que evidencie la existencia de un tiempo físico y objetivo. Esto así dicho parece un tanto arriesgado, como fue audaz y arriesgada en época de Einstein su teoría de la relatividad —con todas sus implicancias-, sin embargo, a poco que se examinen los nuevos descubrimientos físicos no resulta para nada inverosímil. No obstante, es prudente hacer algunas precisiones.

En realidad, desde un ángulo posible, no parecería correcto decir "revertir el tiempo" en tanto y en cuanto podría separarse

---

[8]http://www.juntadeandalucia.es/averroes/copernico/Complementos/tiempo.pdf

"sucesos" de "tiempo". Lo correcto –en este enfoque- sería decir que es posible revertir procesos o estados. El tiempo que ello adopte, variará *subjetivamente* conforme el objeto de reversión. Y como el tiempo es una categoría subjetiva[9], será diferente cambiando de un sujeto a otro. Espero que esto quede algo más claro cuando expliquemos adelante el concepto del tiempo *subjetivo* o, erróneamente (a nuestro juicio) también llamado, tiempo *psicológico*. Pero la cuestión tampoco sería diferente para los que -como la mayoría- creen en el tiempo *objetivo*, porque, como dejamos dicho, no está probado que ese tiempo se mueva, y menos aún que lo haga en un sentido unidireccional, rectilíneo ni homogéneo. Pero, si se quiere seguir sosteniendo esta idea, que juzgamos errónea por no haber sido jamás demostrada, nada nos dice sobre la velocidad de los cambios que podrían hallarse sucediendo en ese curiosamente misterioso "tiempo oficial físico" en el que todo el mundo cree, sin que jamás se hubiera demostrado su existencia.

Para aquellos que se niegan a admitir la primera tesis (la nuestra, ajena a la general), podemos responderles que, en realidad, es irrelevante la cuestión de sí el tiempo puede revertirse o no. Lo relevante es -en verdad- si los sucesos pueden revertirse o no. Los que adopten la tesis de que los sucesos son idénticos al tiempo o, dicho de otra manera, que el tiempo está formado por sucesos, dirán que es "imposible". Para comprender esto, siempre tendremos que tener presente la separación que hicimos entre "sucesos" y "tiempo", cuestión que también retomaremos con más pormenor abajo; adelantemos que -personalmente- creemos en la reversibilidad de los sucesos; si la palabra "suceso" se quiere entender como sinónima de "tiempo" implicará que -en nuestra

---

[9] Tema que abordaremos más adelante en detalle.

tesis- el tiempo sí, es reversible. Pero como adoptamos el enfoque de inexistencia de un tiempo físico, carece de sentido hablar de "reversibilidad" (siempre en esta orientación). Lo que no existe no es reversible ni irreversible. El concepto de reversibilidad tiene sentido en (o dentro, mejor dicho) de la popular idea de "flecha del tiempo", que es en lo que la mayoría de la gente cree.

Podría decirse que los sucesos no serían reversibles en su calidad de únicos, pero es dudoso decir lo mismo de los estados. Un estado sería -por ejemplo- el estado de alegría. Un estado podría definirse como el resultado de diferentes sucesos. A un estado de alegría puede sobrevenir otro estado de tristeza, pero nadie osaría decir que es imposible volver de la tristeza a la alegría y viceversa. Si a estos estados los llamamos "estados de ánimo", deberíamos concluir que los estados de ánimo si son reversibles. ¿Pero se tratarían de los únicos estados reversibles? Creemos que no.

Como dijimos antes, de momento que consideramos que los estados no son otra cosa que una cadena de sucesos y que los estados, en sí mismos considerados y con relación a otros estados, también serían una especie de macro sucesos, y que —ya adelantamos- que creemos en la reversibilidad de los sucesos, aplicamos el mismo criterio a los estados. Esto, sin dejar de lado la dificultad que representa delimitar con precisión todos estos conceptos, es decir, es bastante difícil ponerse de acuerdo en la cuestión de donde comienza y termina un suceso, o sea, qué es lo que define un suceso, qué lo distingue de un estado, y qué diferencia un estado de otro estado, todos temas que entran de lleno en materia terminológica, lo que nos permitirá aseverar -como lo haremos luego-, que hay implicados en estos asuntos una buena dosis de malos entendidos en cuanto al vocabulario que empleamos, de etérea ambigüedad, que dicho sea de paso, es una de las razones por la cuales muchos científicos prefieren el lenguaje de las matemáticas al de la prosa, por la reiteradamente alegada am-

El Tiempo

bigüedad de las letras; sin embargo, y pese a su aparente precisión, no ha de perderse de vista que las matemáticas no son sino otra forma de lenguaje, de tipo simbólico, que puede ser más cabal que otro, pero que por razón de esta misma exactitud -o pretensión de exactitud- deja muchísimas cosas fuera de su radio. Pero, por el momento, no vamos a extendernos sobre este punto para no distraernos demasiado de nuestro tema central.

Es más dudosa –con todo- la cuestión de la reversibilidad de los sucesos (ver Repetición y reversibilidad), lo que -en realidad- dependerá de cómo definimos la palabra "suceso", asunto que analizaremos más adelante, pero de forma tentativa, y no definitiva, teniendo en consideración la ambigüedad insalvable a la que aludiéremos en el párrafo precedente.

Al fin de cuentas, todo es una cuestión de definiciones, y las conclusiones serán diferentes en la medida que partamos de definiciones diferentes. Como en toda discusión, el carácter convencional de las palabras es lo que -en realidad- genera la discusión; las palabras representan cosas diferentes para las personas, aunque hay convencionalismos que se siguen -más o menos- en forma regular y por los cuales las palabras representan conceptos que son –también más o menos- compartidos por un buen número de personas; de eso pretendemos ocuparnos en este libro. Dedicaremos mayor atención al problema del lenguaje en esta materia (ver nuestro título, "Las palabras y el tiempo".)

Reversible no parece ser lo mismo que repetible; reversible es un regresar al "pasado", a un tiempo anterior, en tanto que "repetir" es volver a ocurrir un suceso en un tiempo *futuro* o posterior. Puede acusárseme de que caigo en el mismo juego verbal que crítico. El lector está autorizado a pensar de esa manera. Pero no nos queda más remedio que expresarse con palabras y tratar de hacerse entender a los demás a través de ellas.

Gabriel Boragina

Entonces, *reversible* y *repetible* -en este sentido- tienen ambos las características de tratarse de objetos dentro del tiempo, la diferencia radicaría en que lo reversible es un *regresar*, en tanto lo repetible es un *recrear* (no en el sentido de esparcimiento sino de recreación, de algo que es vuelto a crear, por definición en un momento posterior). Al postular la inexistencia del tiempo físico (objetivo) va de suyo que carece de sentido hablar de sucesos, estados, hechos, etc. repetibles o reversibles. En un mundo sin tiempo, las cosas y los fenómenos se producen, y nada más. Será cuestión de elección personal decidir si los fenómenos se producen ahora, mañana o ayer. Aunque -en rigor- en un mundo sin tiempo nadie se tomaría el trabajo de tener que decidir algo semejante.

Si se dice que un suceso es *reversible;* se está queriendo significar que el mismo suceso se puede producir más de una vez en el pasado, en tanto que si se dice que es *repetible* también se podría pensar que se produce más de una vez, pero al menos una en el pasado (digamos el suceso original) y la otra en el presente o futuro. En ambos casos hablamos de un mismo suceso. El suceso seria único y deberíamos determinar en que "tiempo" sucede, en el marco de la separación que hicimos entre "suceso" y "tiempo" como conceptos y entidades diferentes. Pero esta no es la única cuestión, hay otra más importante todavía. Reversibilidad implica un cambio de estado, un pasaje del estado A al estado B, y una reversión de B al A. En un proceso reversible, la secuencia sería pues de este modo: A->B->A. Lo repetible no tiene nada que ver con esto, porque implica que en un momento 1 (M1) se dio –por ejemplo- A, y en un momento 2 (M2) se volvió a dar A. En un esquema de repetitividad, A siempre fue A, nunca dejó de serlo para ser otra cosa. De allí, que afirmamos que la repetitividad supone un tiempo lineal, es decir, la noción aceptada y popular del tiempo: continua, homogénea, rectilínea, uniforme, etc., en tanto que la reversibilidad puede darse tanto dentro de un tiempo de este tipo (clásico) o bien en otro tiempo (no clásico, como el que sostenemos personalmente). En la reversibilidad, el suceso cambia, en la repetividad el suceso es el mismo, no cambia, excepto que se repite (o vuelve a aparecer) en un momento necesariamente posterior. La noción clásica de tiempo es mucho más relevante en la repetición que en la reversión. Aun así, la reversión tiene un escenario temporal mucho más amplio que la repetición, porque el concepto de reversión puede darse (dentro de la noción clásica de tiempo) sea en el pasado sea en el presente. La repetición sólo puede serlo en un presente -necesariamente- siguiente al pasado donde el hecho o suceso apareció por primera vez. Si preferimos adoptar la noción de suceso como sinónimo de tiempo (como lo hace la mayoría de la gente), un fenómeno reversible en un tiempo homogéneo, rectilíneo y lineal sería parecido a este esquema: M1=A, M2=B, M3=A. El fenómeno o cosa regresa a un estado anterior en una sucesión (o pasos) posterior. Vale la pena aclarar que M (momento) en este caso lo empleamos como sinónimo del tiempo convencional. Pero en este ejemplo, la sinonimia o igualdad entre tiempo y suceso no sería exacta, porque para serlo, deberíamos aceptar un esquema como este: M1=A, M2=B, M1=A, donde aquí sí, existe una identidad completa entre suceso y tiempo pero, asimismo, como se observa en la secuencia para hablar en propiedad y sostener que esta similitud es completa, tendremos que admitir que se puede volver el tiempo atrás, A sólo puede ser A en M1 y no en cualquier otro tiempo, caso contrario tenemos que romper la sinonimia entre suceso y tiempo, para poder conservar la noción clásica de tiempo, que a veces también se la designa como noción heracliteana (por el filósofo griego Heráclito, que parece ser, según se dice, unos de los primeros en ocuparse de este problema). La sinonimia estricta implica tener que aceptar la reversibilidad del tiempo, con lo que tendríamos que abandonar también la idea popular de una línea o flecha del tiempo que se dirige en una sola dirección. Si tiempo y suceso son sinónimos, y si los sucesos son reversibles, como lógica conclusión tenemos que arribar –asimismo- a que el tiempo también es reversible, porque en esta concepción tiempo y suceso vendrían a ser la misma cosa. Sin embargo, si bien popularmente se pretende aceptar implícitamente que tiempo y suceso son sinónimos y en el lenguaje cotidiano se los emplea de ese modo, no parece aceptarse dicha consecuencia lógica, con lo que se cae en una contradicción, que para salvarla hace imprescindible definir tiempo y suceso no como cosas iguales, sino disimiles. Nosotros no tenemos ese problema en este libro, porque aceptamos el uso indistinto de estos dos vocablos, sea como sinónimos o como términos diferentes, ya que, al postular la reversibilidad del tiempo, no entramos en una contradicción semejante. Lo que alegamos como prueba a favor de esta postura nuestra es, la falta de prueba (por imposibilidad del detractor) de la existencia de un tiempo lineal, homogéneo, continuo, unidireccional, etc. Si se nos acusa que no podemos probar nuestro aserto, replicaremos que el detractor tampoco puede probar el suyo, con lo que la cuestión vuelve a quedar en el terreno de las puras especulaciones y las meras hipótesis, las que —con todo- no carecen de utilidad.

Parece más apropiado hablar de reversibilidad de los estados y no de los sucesos, si bien, como aclaramos antes y volveremos a hacer más adelante, (ver "Repetición y reversibilidad") todo dependerá de la significación, alcance y definición de estos vocablos. Porque parece ser más evidente que los estados son reversibles, y menos evidente; que los sucesos lo sean. Sin embargo, nada de esto último es absoluto.

Micro y macrocosmos.

Algunos filósofos y metafísicos nos dicen que el hombre es un microcosmos y que sus leyes son las mismas, en pequeña escala, a las leyes del macrocosmos. Si nos detenemos a observar y a estudiar las leyes del macrocosmos surge con evidencia que el tiempo no es el mismo para todos los fenómenos celestes.

El Tiempo

Nuestra teoría de la existencia de un tiempo subjetivo importa —claro está- la postulación de una multiplicidad de tiempos diferentes, de naturaleza distinta, y disímil forma de medición de cada uno, incluyendo tiempos que no admiten ninguna clase de medición. Otro tanto puede decirse de la mutación y "duración" de los fenómenos observables en el mundo externo. No lo es si consideramos el tiempo uniforme que estamos habituados a utilizar[10]. Menos lo es aún si lo hacemos desde el punto de vista de nuestro tiempo subjetivo, único existente conforme reputamos en este libro.

Se ha discutido mucho del universo como algo ajeno a nosotros, externo y hasta extraño. Yo quiero aquí hablar del universo como algo intrínseco a nosotros, interno y consustancial con cada uno de nosotros. La tesis que pretendemos exponer a continuación consiste en que cada ser vivo participa -a escala- de análogos elementos que los que componen el macro-universo. Utilizaremos las expresiones cosmos y universo como sinónimos a estos fines.

Vamos a tratar de introducirnos de a poco en esta noción de tiempo *subjetivo* que vamos a defender en él lo que resta de este libro. Para mi tesis, parto de la base del organismo humano como un microcosmos biológico donde rigen -en escala- las mismas leyes que gobiernan el macrocosmos. Desde Newton hasta Einstein el mundo de la física (y el mundo en general, aun antes de Newton) consideraron el tiempo como absoluto y lineal. La teoría de la relatividad de Einstein —según se la acepta mayoritariamente en la comunidad científica- demostró que el tiempo es relativo y no lineal. Una partícula que viaje a la velocidad de la luz

---

[10] Aprendimos a pensar en el tiempo como un objeto físico, objetivo y externo a nosotros. Pero aquí sostenemos que ese tiempo es sólo un mito, y nada más que un mito.

retrasaría el tiempo con relación al observador que se desplaza a una velocidad inferior a la luz.[11]

Si la vida se observa como movimiento, haciendo depender el "tiempo" de tal movimiento, resulta obvio, que lo que llamamos "tiempo" de dicha vida será un equivalente exacto a la sumatoria de su movimiento. Según conforme qué parámetros midamos tal tiempo = movimiento, el resultado variará de acuerdo a las diferencias de movimiento de los cuerpos vivos que queramos calcular.

Ahora bien, los organismos vivos, están compuestos -a su vez- por otros organismos vivos, en algunos casos, con una interdependencia directa o indirecta entre la vida de ambos. Un cabello, por ejemplo, es un organismo vivo en la medida que se encuentre unido al organismo vivo mayor del cual su vida depende. Si se desprende el cabello de la superficie de la piel, deja en ese acto de ser un organismo vivo, lo que, no obstante, no afecta la vida del organismo principal que a su vez le dio vida. Esto implica la aplicación de la noción de relatividad –en un sentido, no sólo físico sino filosófico- a los organismos vivos y a sus órganos.

Simplemente, la filosofía materialista nos hizo olvidar que somos un microcosmos que reproduce el macrocosmos (macrocosmos donde la física moderna dice que se aplica la teoría de la relatividad) a escala. Dicha teoría –sostengo- de ser cierta como así parece, también se aplicaría a nuestro microcosmos orgánico y -postulo- que sus leyes son tan válidas en el macro como en el microcosmos.

---

[11] http://www.juntadeandalucia.es/averroes/copernico/textos.htm

El Tiempo

No parece razonable sostener que la física relativista sea inaplicable a los organismos vivos, en una perspectiva proporcional a escala, si consideramos los millones de partículas de las cuales cada organismo vivo está compuesto, partículas cuyas distancias entre sí –a no dudarlo- en su adecuada escala, semejará la que separa a los diferentes astros del macrocosmos. Si a ello añadimos que tales partículas se hallan en perpetuo movimiento, no vemos pues óbice que invalide la tesis de la aplicabilidad de la física relativista en este microcosmos. Al fin de cuentas, para los que se sientan molestos con la aplicación de la teoría relativista al organismo humano no tenemos más que recordarles que -en última instancia- todos los cuerpos del universo, y el cuerpo humano, por supuesto, de idéntico modo, como inserto en el mismo universo, se componen, al fin de cuentas, de partículas o bien de ondas, de modo tal que la química no vendría a ser más que una instancia superior -y algo más compleja- a la física, pero es esta última la que sigue manteniendo su dominio en el terreno de la materia final. De este modo, y bajo este punto de vista, no puede llamar la atención a nadie que no encontremos dificultad en aplicar la teoría de la relatividad al espacio ya no intergaláctico, sino al que existe dentro del cuerpo humano.

Admitido el cuerpo humano como un microcosmos que reproduce en escala el macrocosmos; aceptado, además, que nuestro cuerpo se compone de partículas (átomos, moléculas, etc.) que emiten radiación electromagnética y que -por lo tanto- son portadoras de luz, no es difícil derivar que, siendo el cuerpo humano un microcosmos a escala del macrocosmos; aquellas partículas que se desplacen por el interior del cuerpo humano a velocidades **equivalentes** a la de la luz reproducirán un micro universo relativista en el cuerpo humano. Velocidades **equivalentes** a la luz en el vacío producen efectos idénticos tanto micro cósmicamente como micro cósmicamente, a escala.

Gabriel Boragina

Conforme lo que dijimos antes, la duración de la vida de cada partícula dependerá entonces de su movimiento dentro del organismo en análisis. Incluso, podemos suponer en este microcosmos, velocidades inferiores o bien superiores a la de la luz en el macrocosmos. En efecto, esto último no es descabellado, ya que la tesis de la inexistencia de velocidades superiores a la de la luz no se halla, en realidad, corroborada científicamente. El crecimiento o desarrollo de nuestros órganos físicos dependerá en última instancia del comportamiento de sus partículas fundamentales (átomos y moléculas), en un contexto relativista por analogía como el que presentamos, de su movimiento o -más precisamente- de la velocidad de su movimiento. Una mayor velocidad comprime el tiempo y una menor lo expande, con lo que tenemos que abandonar la idea clásica de *uniformidad, homogeneidad y linealidad*, a lo que debe añadirse los descubrimientos de la física y mecánica cuántica que implican la ruptura absoluta con los conceptos clásicos, yendo –inclusive- aún más allá de las propias ideas relativistas. Ahora bien, queda pues entonces la pregunta, ¿de qué depende -en última instancia- el movimiento y su velocidad en estas partículas elementales que componen el cuerpo humano?

En términos sencillos: nuestra tesis consiste entonces, en que es físicamente posible regular (retrasar, mantener constante o aumentar) el tiempo biológico entendido éste como el desplazamiento de partículas dentro del cuerpo humano a una velocidad determinada. Ello podría lograrse a través de medios externos o bien internos. Respecto de los externos podría nuevamente pensarse en experimentos similares a los efectuados a fin de conseguir aceleraciones en el espacio que resultaron en retrocesos del tiempo. En realidad, no estamos haciendo ningún descubrimiento "fenomenal" con lo que acabamos de afirmar; todos sabemos que existen cientos de métodos para regular el tiempo de las cosas, pero ¿qué queremos decir con palabras tales como "regular, controlar, retrasar, aumentar, etc." el tiempo? En verdad, cuando así hablamos estamos empleando la palabra *tiempo* como sinónimo de *cambio*, que es otra de la forma corriente y popular de referirse al tiempo, y ello es así porque la mayoría supone que el cambio está dado por el tiempo. Esquemáticamente, si tiempo es T, y cambio es C, la idea popular es que C depende siempre de T, o es una función de T. De todas las acepciones qua a la palabra función da el diccionario de la Real Academia Española, nosotros adoptamos para este punto la de **función explicita**, que dicho diccionario define así: ""~" "explícita." 1. "f. / Mat. / Aquella en que el valor de la variable dependiente es directamente calculable a partir de los valores que toman la variable o variables independientes". La idea popular aceptada es que C es variable dependiente de T, y es una función explicita en tanto y en cuanto se considera que C puede calcularse a partir de los valores que adopta T. Claro que si T no existe y sólo existe C (como postulamos en este trabajo), no habrá ninguna clase de función, como tampoco existirá si se habla de C como sinónimo de T, donde C=T carece de sentido y se transforma en una típica cuestión terminológica. Con todo, habremos de insistir que -corriente y popularmente- está implícita y explicita en nuestro lenguaje la función explicita señalada.

Hablamos, desde luego, de las partículas que conforman los distintos órganos del organismo vivo, y seguimos utilizando los vocablos "movimiento", "desplazamiento" y "tiempo" como sinónimos. El tiempo de la partícula será exactamente igual, así, a su movimiento o desplazamiento. Mayor sea su movimiento mayor será su tiempo y viceversa. Expliquemos mejor esto último. Empecemos señalando que resulta notable que en la definición de "cambiar" no aparece ni una sola vez la palabra "tiempo" o semejantes, en ninguna de sus múltiples acepciones, excepto en la n° 9, pero con un sentido distinto al habitual. Veámoslas:

cambiar.

Gabriel Boragina

(Del galolat. cambiāre).

1. tr. Dejar una cosa o situación para tomar otra. U. t. c. intr. y c. prnl. Cambiar DE nombre, lugar, destino, oficio, vestido, opinión, gusto, costumbre.

2. tr. Convertir o mudar algo en otra cosa, frecuentemente su contraria. Cambiar la pena en gozo, el odio en amor, la risa en llanto. U. t. c. prnl.

3. tr. Dar o tomar algo por otra cosa que se considera del mismo o análogo valor. Cambiar pesos por euros.

4. tr. Dirigirse recíprocamente gestos, ideas, miradas, sonrisas, etc. U. t. c. prnl.

5. tr. trasladar (|| llevar de un lugar a otro). He cambiado la mesa a otra habitación.

6. tr. Quitar el pañal a un bebé y ponerle uno limpio.

7. tr. devolver (|| una compra).

8. intr. Dicho de una persona: Mudar o alterar su condición o apariencia física o moral. Luis ha cambiado mucho. U. t. c. prnl.

9. intr. Modificarse la apariencia, condición o comportamiento. Ha cambiado el viento. Ha cambiado el tiempo.

10. intr. En los vehículos de motor y bicicletas, pasar de una marcha o velocidad a otra de distinto grado.

11. intr. Equit. En la ambulación o carrera, acompasar el paso de modo diferente al que se llevaba.

12. intr. Mar. Bracear el aparejo, cuando se navega ciñendo por una banda, a fin de orientarlo por la contraria.

13. intr. Mar. virar (|| cambiar de rumbo).

14. intr. Mar. virar (|| dar vueltas al cabrestante para levar anclas).

15. prnl. Mudarse de ropa.

MORF. conjug. c. anunciar.

Real Academia Española © Todos los derechos reservados

La acepción nº 9 es la única que menciona la palabra tiempo, pero lo hace con especial y particular referencia a lo que se conoce como *estado climático* o también llamado *estado del tiempo*. Con más precisión: se refiere a la atmósfera terrestre y a los fenómenos que en ella se desarrollan que a lo que conocemos -comúnmente- como "tiempo" en el sentido en que interpretamos la lectura de relojes y calendarios. Naturalmente, los cambios climáticos no son objeto de nuestro estudio en este libro, y no nos referimos aquí al "tiempo" en este sentido, aunque -posiblemente- por un uso abusivo del vulgo de este tipo de expresiones, como la que señala la acepción nº 9, por extensión se haya terminado imponiéndose hablar de "cambio" como sinónimo de tiempo, o de este último como lo mismo de aquel. Pero también esto refuerza nuestra tesis de la dependencia psicológica que existe en la mayoría, en cuanto al prejuicio del tiempo como "productor" de cambios, a la vez que causante de sus propios cambios (climáticos). En suma, la confusión generada por la palabra "tiempo" va en aumento en la medida que se la utiliza para designar cada vez más fenómenos de todo tipo, creando una suerte de red por la cual "todo" pasaría a depender de ese mito que todos acordamos en llamar "tiempo", aunque -como estudiamos en este libro- nos sea imposible, no sólo definirlo, sino encontrarlo en ninguna parte, excepto en nuestra imaginación, aun cuando allí mismo tampoco nos sea posible acertar a definir qué es lo que estamos imaginando cuando hablamos o pensamos en el tiempo. Pero retomando la "relación" C=T, la mayor velocidad de movimiento de un cuerpo en relación a otro acortará – en la teoría relativista- el tiempo del primero, pero, ¿qué tiempo? El de los relojes convencionales, medido en segundos, minutos y horas; estos son los "valores" de T, pero si T no existe, ergo, tampoco puede tener "valores".

Probablemente, desde la ciencia materialista en la que nos encontramos inmersos, algún científico -a regañadientes- podría llegar a admitir lo anterior, siempre que aceptemos —de nuestro lado- que, fuerzas extrañas y externas a nosotros sobre las cuales no poseemos ningún dominio ni control, provocan los fenómenos descriptos, y esto, como dejamos dicho, en el mejor de los casos en que no se rechace de plano nuestro planteo. Los científicos y los físicos en particular dan por sentado la existencia de un tiempo físico, objetivo, externo y aun en un sentido preponderantemente newtoniano, a pesar del aparente éxito de la teoría relativista, aun en general se sigue concibiendo al ente "tiempo" tal y como Sir Isaac Newton lo describió: absoluto, inmutable, lineal, homogéneo, etc. Si bien no soy un experto en teoría relativista (ni mucho menos, habida cuenta que hay aspectos de la teoría que -decididamente- no comprendo) tengo entendido que ni siquiera Einstein cuestionó seriamente la existencia del tiempo, sólo discutió sus "atributos", y entre ellos, en particular, rechazó su carácter de absoluto, en tanto que, en buena parte, conservó como válidos los restantes. Pero ni Newton ni Einstein -hasta donde sé- parecieron interesados en la cuestión filosófica, de si el tiempo existe o no. Ambos dieron por sentado que sí, existe.

El Tiempo

El punto donde seguramente habrá descuerdo con el enfoque científico materialista prevaleciente, es en que objetamos que los cuerpos físicos sean movidos por fuerzas "ciegas", ni mecánicas ni incontrolables ni fatalistas, sino por fuerzas creadas, por alguna mente, ya sea humana o Supra-humana. En concreto, negamos de plano en este libro que el tiempo (entendido como fenómeno físico) sea agente causal de nada, tampoco —menos aún- de movimiento de ninguna clase. Y ello por cuanto no reconocemos existencia alguna a un fenómeno físico semejante.

Es una hipótesis fuerte —creo yo- que el cuerpo humano tenga esta posibilidad, de controlar sus propios cambios, aunque, de hecho, no parece que muchos la ejerzan a pleno, prefiriendo aceptar las típicas tesis deterministas y fatalistas con las que la mayoría rige su vida. Cuando aludo al cuerpo humano me refiero a su cerebro y -en particular- a la fuerza que mueve al cerebro a actuar, es decir, a las ideas, generadas a su vez por la mente. Es en esta última donde anidan los conceptos que venimos desarrollando, y es aquí donde encontramos la fuente de toda acción, en nuestra opinión, que tenemos en claro, será vigorosamente rechazada por aquellos que adhieran, sabiéndolo o no, al materialismo que por lejos es la idea más enérgicamente arraigada de nuestra cultura, pese a que muchos crean lo contrario. No resulta aceptada mayoritariamente al menos, la tesis de que la mente pueda ser creadora de cierto tipo de fenómenos físico-químicos, sin embargo, nosotros adherimos en este libro abiertamente a esta idea que reputamos valedera. La idea de tiempo, sea como intuición en un lenguaje kantiano o como concepto ya elaborado, es la que produce cierto tipo de cambios, que normalmente por un influjo cultural y educativo muy importante atribuimos a fenómenos externos y ajenos a nosotros.

Sin duda, factores externos influyen en nuestros organismos, pero también existen otros agentes internos que asimismo lo hacen, y a veces con más pujanza y mayores consecuencias que la de los primeros. Estos componentes internos –creemos-, son de naturaleza psicológica o, mejor dicho, mental, en un sentido amplio del vocablo.

De hecho, hay mecanismos biológicos que regulan el biorritmo. Estos mecanismos operan en el ámbito inconsciente, pero nos han educado para creer que operan en el ámbito vegetativo. Consideramos pues, que se puede inducir e influir el desplazamiento de tales partículas dentro del cuerpo humano sea por medios internos o externos. Lo que tienen en común es que, a los cambios -sea que los consideremos autoprovocados o externamente provocados- solemos identificarlos con el tiempo, creyendo que este último es el único factor que "no podemos" auto provocar, sin embargo, nosotros no compartimos esta creencia, al negar existencia a un tiempo físico externo agente de cambios.

En nuestro libro sobre el poder de la mente, intentamos abordar con más detenimiento esta cuestión. Allí remitimos al lector interesado en estos puntos.

A fin de evitar confusiones terminológicas opino importante aclarar que cuando hago referencia a "equivalencia" **no** me refiero a una estricta igualdad sino a un "como sí" y no a una "igual a". Quizá lo que deseo explicar se entienda mejor si el lector tiene *in mente* un fractal. Hablo de una proporcionalidad a escala y no de una igualdad estricta. Si el cuerpo humano funciona como un macrocosmos a escala, los movimientos de ese macrocosmos se producen a escala en ese microcosmos que es el cuerpo humano. Las partículas que en el macrocosmos viajan a velocidad de la luz, lo harán también por lógica consecuencia **a escala proporcional** en el microcosmos humano. Simplificando, todo lo que sucede a nivel macro presumimos que se reproduce a nivel micro. Esta extrapolación es altamente racional. Hablando metafísicamente, los fenómenos naturales se reproducirían en

El Tiempo

todos los planos en forma proporcional a escala. Naturalmente, se trata de una hipótesis muy personal, pero al fin de cuentas, todo el tema es hipotético, no sólo en este libro, sino en el tratamiento ya dado por otro tipo de autores. Los físicos, en general, se han desinteresado en estudiar la naturaleza del tiempo, sencillamente dan por sentada su existencia, lo que en este punto asimila a la física al nivel de la mitología, cosa que nos parece inaceptable, por ello creemos que los físicos debieron haber encarado con mayor rigor el estudio del tiempo. En su lugar, los filósofos han llenado mucho mejor que ellos ese vacío.

Seguramente, la ciencia explorará este tema en el futuro con mayor detenimiento –alentamos- y procederá a realizar mediciones equivalentes a las que de ordinario practica en el espacio interestelar, pero –en su lugar- en el espacio ínter corpuscular existente dentro de los organismos vivos. Pero volvamos ahora al tema del control que esbozamos antes. El objetivo de estas líneas es analizar los medios o mecanismos internos. A este respecto, la física quántica tiene mucho para decir. Lo expuesto arriba, es aplicable a todo ente biológico, pero centraremos la atención en el cuerpo humano porque se trata del único ente biológico que posee raciocinio y discernimiento de los fenómenos que ocurren en su entorno. Hasta donde sabemos es así; no descarto –empero- tesis como la de K. R. Popper que atribuye conciencia a los animales. Puede ser que tenga razón el eximio filósofo vienés. El punto es que no encuentro forma de comprobar una cosa semejante, habida cuenta que el abismo que separa a humanos y animales es la imposibilidad de establecer un lenguaje comunicacional inequívoco común. Hasta tanto la evolución no permita cosa semejante, también este terreno de la conciencia animal que plantea K. R. Popper, entre otros, quedará en el ámbito de las más puras especulaciones.

Gabriel Boragina

Claro está que -a veces- se nos han presentado excepciones y conocemos casos de humanos que -suponemos- no ejercen un raciocinio que damos por sentado que poseen. Siendo excepciones, no entraremos en su análisis, refiriéndonos a la generalidad de los casos. Creemos, además, que es el único ente biológico —siempre hasta donde sabemos- que tiene o puede adquirir conciencia de estos fenómenos y, lo más relevante de todo, puede lograr un control directo sobre los mismos. En realidad, ese control ya está obtenido[12] y -de hecho- hacemos uso del mismo, sólo que, en la mayoría de los casos, de manera inconsciente, ignorando que somos artífices de nuestro destino y que paso a paso, lo que nos sucede ha sido provocado por nosotros. Controlamos lo que nos pasa aun cuando ignoramos que estamos controlando lo que nos pasa. La explicación de esta aparente dicotomía se encuentra —a nuestro entender- en que la mayoría de nuestros controles se hallan asentados y son operados por la mente inconsciente, o la parte inconsciente de nuestra mente[13], como quiera llamársela.

La creencia expresada en el párrafo anterior no es absoluta, diremos pues que creemos parcialmente en ello. En parte por las excepciones que comentamos antes, y en otra parte porque no tenemos —al menos yo- certeza de que los animales carezcan de conciencia. Como ya anticipamos arriba, K. R. Popper, aventuró en su obra; *El yo y su cerebro* escrita en colaboración con John Eccles, la existencia de una conciencia animal, lo que nos parece una hipótesis bastante razonable, pero que no desarrollaremos aquí. Por el momento, y a los fines de este libro, sólo vamos a referirnos a los humanos. Diremos -pues- que la mayoría de las personas parecen ser conscientes de los fenómenos que venimos comentando. De estas personas hablaremos luego seguidamente.

---

[12] Deriva del libre albedrío con el cual fuimos creados por Dios.
[13] Que a veces ni siquiera es consciente de su libre albedrío.

El Tiempo

Internamente, la física quántica sostiene que el movimiento de ondas y partículas está influido y a veces determinado por los movimientos de conciencia o inconsciencia. Nuestra educación tradicional siempre nos enseñó que los procesos biológicos eran determinados por "fuerzas" fuera de nuestro control, y no necesariamente se encontraban influidos por nuestra voluntad. Este, se puede decir que, era el mundo natural newtoniano. A partir de la física quántica, dicho supuesto puede ponerse en entredicho seriamente, y aun sostenerse lo contrario. Los procesos de la conciencia (o inconsciencia) producen alteraciones en el campo quántico del cuerpo humano. La mayoría de esos cambios son operados por el subconsciente o inconsciente, sobre los cuales creemos que no tenemos control alguno. Siempre creímos, además, y aun aceptamos, que una muy pequeña cantidad de cambios puede ser influida por decisiones nuestras. La realidad quántica afirma precisamente lo contrario. Una mayoría de cambios puede ser controlada por la mente humana mediante el proceso consciente-inconsciente, y sólo una muy pequeña cantidad de procesos físicos escapan a nuestro control. Falta aún mucho para que esta idea tenga algún tipo de aceptación por la mayoría de los científicos, si bien hay alentadoras excepciones.

El tiempo humano.

La raza humana cree entonces, desde épocas inmemoriales, que el tiempo humano es el propio tiempo que -a su vez- hemos inventado para el planeta tierra. Como seres localistas, en lugar de sentirnos identificarnos con el universo donde está inserto nuestro planeta nos sentimos identificados con este último. Es como si en lugar de sentirnos identificados o pertenecientes a nuestra casa nos sintiéramos pertenecientes al sillón del living de nuestra casa y plenamente identificados con éste. A partir de esta unificación viviremos, una existencia de "sillón" y "en" nuestro sillón y no una existencia de y en nuestra casa. Nuestro tiempo de

Gabriel Boragina

vida –sosteniendo tales creencias- será el de nuestro sillón y no el de nuestra casa. Esta analogía (vía metáfora) sirve para tomar conciencia acerca de qué manera las fusiones que hacemos (y que terminamos transformando en leyes) pueden modificar nuestra existencia llevándonos, además, a limitarla en forma grosera. Hemos adaptado "nuestro" tiempo físico a un determinado número de traslaciones que la tierra cumple alrededor del sol. Se trata de una arbitrariedad. No existe -en el fondo- ninguna razón lógica para que ese deba ser "nuestro" tiempo. Sólo razones de comodidad numérica pueden "justificarlo". Por otra parte, tampoco hemos sido consecuentes con esta forma de medir el tiempo. Hemos limitado arbitrariamente el número de traslaciones y de rotaciones de la tierra a nuestro respecto. El tiempo es un sistema de medidas convencional como cualquier otro, tal y como el sistema métrico decimal es un sistema inventado por el hombre para medir distancias y longitudes, o el sistema de pesas utilizado para medir volúmenes. Segundos, minutos, horas, días, meses y años, no es más que otro sistema de medidas, esta vez inventado por el hombre para lograr "medir" el tiempo. Sin embargo, y curiosamente, a pesar de ser un invento humano, hemos perdido conciencia de nuestro invento y pasamos a creer que somos producto del tiempo y no el tiempo producto nuestro. Se trata del único sistema de medidas que en lugar de ser controlado por nosotros él nos controla. Creamos el tiempo al intentar medirlo y rápidamente nos olvidamos de su autoría poniéndonos al servicio del tiempo, en lugar de poner al tiempo a nuestro servicio. En realidad, no somos controlados por el tiempo, sino por la medida del tiempo, lo que resulta más paradójico aun, como si la distancia que nos permitimos recorrer dependiera de la extensión del instrumento con el que medimos. Hemos creado al tiempo al intentar medirlo y hemos confundido su extensión con nuestro sistema de medición. Hemos limitado el tiempo a su medida. Esto nos permite no ser tan injustos con el tiempo (si en realidad existiera) y nos habilita no considerarlo un tirano, ese lugar común tan desafortunado e irreal. Haber limitado el tiempo[14] a su medida nos impide tener nociones precisas tales como la de eternidad, es decir, aquello que está fuera del tiempo o que contiene a todo el tiempo. Volviendo a la metáfora de la regla, el haber creado la medida, el sistema métrico que mide la distancia del espacio, inhibe la idea de infinitud. Ahora bien, en última instancia todo aquello que creemos que nos domina o nos controla no son más que nuestras propias creaciones mentales, ya que todo (tiempo, medidas, metros, relojes, calendarios, etc.) no son elementos físicos enviados por el Cielo, son puros inventos humanos, nacidos de la mente humana.

La velocidad de desplazamiento de las partículas que componen nuestro organismo dentro del cuerpo humano, representa -como habíamos dicho antes- una reproducción de un universo micro cósmico. La velocidad de desplazamiento de estas partículas no es uniforme en todos los organismos y es, a nuestro juicio, lo que determina las diferencias de estructura entre un organismo y otro. A su vez, sostenemos la tesis de que tal movimiento y su velocidad son operados por fuerzas mentales conscientes o inconscientes. Aun así, consideramos arbitrario denominar "tiempo" a dicho movimiento y a su velocidad tanto como la arraigada convicción de que tal movimiento y velocidad dependerían de algo que llamamos "tiempo".

Al decir que dicha velocidad no es uniforme aplicamos un criterio relativista, por el cual aquella será menor o mayor en una misma partícula y será —a su vez- diferente entre partículas. Lo

---

[14] No como objeto físico sino su idea.

mismo sea dicho respecto de las ondas, sobre las que no hemos hablando, pero que incluimos implícitamente con análogos efectos, al referirnos a las partículas.

Postulamos la existencia de diferentes velocidades para humanos e irracionales, y aun para humanos entre sí. Esta velocidad de trasladarse de las partículas atómicas del organismo humano representaría e influiría en el llamado tiempo biológico del organismo en cuestión. Todo esto aceptándose la aplicabilidad de la teoría relativista de Einstein desde un universo macro cósmico hacia otro universo micro cósmico a escala (es decir proporcionalmente). Con todo, el tiempo relativista sigue siendo una especie de tiempo físico, objetivo y externo, que reputamos en esta obra, inexistente. Las variables fundamentales del tiempo relativista parecerían ser dos, a saber: movimiento y velocidad, en una ecuación de este tipo: M x V = T (movimiento por velocidad es igual a tiempo). En cambio, la concepción tradicional (y vulgar) del tiempo sería la de "cambio" en la fórmula ya dada: C=T.

Así, cada partícula, cada onda, cada corpúsculo del cuerpo humano, poseería diferentes velocidades de movimiento, no uniformes ni similares entre sí y respecto de sí mismos, inclusive. En otras palabras, recordando la sinonimia tiempo = movimiento x velocidad (T=M x V), equivale tanto como a afirmar que, cada uno de tales elementos tendría diferentes tiempos, no uniformes ni similares entre sí y respecto de sí mismos, inclusive. Partículas viajando por el cuerpo humano a diferentes velocidades recrearían un universo relativista micro cósmico. Aceptándose este modelo, no es difícil imaginar partículas atómicas y subatómicas desplazándose a diferentes velocidades dentro del organismo humano.

Admitir esto no resuelve, sin embargo, la eterna cuestión sobre la causa del movimiento. En mi opinión, el movimiento responde a una causa que lo impulsa y esta causa es siempre consciente. No concibo el movimiento automático. Todo lo que se mueve, se mueve porque o tiene vida en sí mismo, o es movido por una fuerza viva. La vida es movimiento y el movimiento es vida. Considero que tanto las partículas subatómicas como todo aquello que se deriva de ellas en grado ascendente, es movido por fuerzas conscientes, sean estas humanas, o sean Supra humanas o divinas[15] (como se prefiera). Ahora bien, postulamos que el movimiento nace de una fuerza consciente pero que puede ser automatizado en el inconsciente. En el caso de los animales podría discutirse si su movimiento proviene o no de una fuente consciente, en cambio seguramente habrá acuerdo generalizado en cuanto a que ellos se mueven motorizados por fuerzas inconscientes. En los humanos, el movimiento que parte de la conciencia se automatiza en forma de hábito, y pasa luego al plano inconsciente. Muchos de nuestros movimientos son inconscientes luego de este proceso.

En esta línea, pienso el cuerpo humano como un conjunto de órganos regidos por la mente humana tanto en el ámbito consciente como subconsciente, lo que, de alguna manera, contradice la teoría clásica que reparte, sin mucha justificación, actos reflejos o condicionados por un lado y, por otro lado, actos deliberados. La teoría natural clásica asmilla el cuerpo humano a cualquier clase de cuerpo animal, aceptando como única diferencia entre humanos y animales la conciencia, que admiten existente en humanos y reputan inexistente en los irracionales. Pero esta clasificación no tiene mucho asidero, a mi juicio.

No niego la existencia ni de reacciones nerviosas ni de actos reflejos, vale la pena aclararlo; sin embargo, creo que en algún instante —quizás fugaz- de nuestra vida, sobre todo en sus prime-

---

[15] Para nosotros llamado Dios.

ras etapas, aquellos principiaron siendo movimientos conscientes de "alguien" que, en mi caso particular, denomino con la palabra Dios. Más tarde; -o más temprano- estos movimientos conscientes pasaron al inconsciente ya en la forma de reacciones nerviosas y/o actos reflejos.

No hay **un** tiempo humano, sino diferentes tiempos humanos, cada uno considerado desde el punto de vista de funciones particulares, ya sean de órganos individuales o del organismo visto como conjunto, si se quiere adoptar un enfoque del tipo M x V = T, según lo explicado antes. Pero nosotros no aceptamos este tipo de enfoques, sólo que lo dejamos planteado a los únicos efectos expositivos y nada más. La diferencia de tiempos entre humanos es de naturaleza psicológica en nuestra tesis, y no de origen físico, o -más claramente- las consecuencias físicas son producto de causas psicológicas. Entre los efectos psicológicos más comunes encontramos la categoría que llamamos tiempo, que no produce efectos sobre los cuerpos físicos, excepto en la medida que alguna mente así lo suponga.

Si tiempo es movimiento y viceversa, esto implicaría tanto como que el movimiento admite tres direcciones a saber: arriba, abajo y hacia los lados, ergo, el tiempo -que es otro nombre que le damos a ese movimiento- posee esas mismas direcciones, hacia arriba, abajo o hacia los lados. El punto es que —curiosamente- cambiamos, en este caso, los nombres que les damos a tales direcciones; en lugar de arriba decimos "futuro", en lugar de abajo decimos "pasado" y en lugar de a los lados, decimos "presente". Bien visto, son las mismas direcciones en la que se desplazan los objetos en movimiento.

¿Qué determina la velocidad de las partículas atómicas y subatómicas que componen el cuerpo humano? Los mecanicistas y materialistas hablarán de "fuerzas ciegas". Nosotros rechazamos tales tesis. En su lugar, postulamos la existencia de fuerzas cons-

El Tiempo

cientes o Supra conscientes[16], origen de todo movimiento del universo. Con todo, es vano seguir asociando la noción de tiempo a la de movimiento, exceptuado como forma de medida, nada nos dice sobre la esencia del tiempo. Este no es más una sensación producto de nuestra incapacidad física y psíquica para percibir fenómenos simultáneos, que son los que componen la realidad. Sólo podemos percibir porciones o parcelas de nuestra limitada realidad, y únicamente podemos hacerlo de modo sucesivo y no simultáneo. Por eso, esa percepción fenoménica sucesiva es lo que nos da la sensación de tiempo y la designamos con ese mismo nombre.

---

[16] La que denomino con el nombre de Dios.

Gabriel Boragina

… El Tiempo

59

Gabriel Boragina

El Tiempo

Capítulo 2. Los cambios.

Tanto las circunstancias como los objetos animados e inanimados están sujetos a cambios. Veremos someramente su relación con nuestro tema central, si es que existe tal relación.

Lo común y corriente es que asociemos, o, mejor dicho, relacionemos, los cambios con el tiempo. Cometemos el error, más que de relacionar, de subordinar los cambios al tiempo, como si el tiempo fuera responsable de algunos -o de todos los- cambios. Este error está generalizado en el mundo físico químico. Desde luego, que el error parte de una noción equivocada del "tiempo". El tiempo –como ya dijimos arriba- no es más que un sistema de medición convencional, tal y como es el sistema métrico decimal para medir longitudes.

Como sistema de medida; no puede tener influencia alguna sobre ningún fenómeno (excepto la influencia que queramos darle, la que sólo será mental y humana) de la misma manera que una regla o una cinta de medir no influye sobre la longitud del objeto medido. No es la balanza la que hace "pesado" lo que se está pesando, ni es la cinta métrica lo que hace "largo" o "corto" lo que se está midiendo. De la misma manera no son relojes ni calendarios los que convierten los sucesos en tempranos o tardíos. La falacia de asociar "cambios y tiempo" es tan antigua como el hombre. Pero esta falacia se debe a una necesidad psicológica humana, que es la de "seguridad". Por otra parte, el ser humano es fundamentalmente "relacional" ya que su actividad psíquica es mayormente de este tipo. Somos reactivos al caos, de allí que tengamos una actividad psíquica relacional por la cual intentamos imponer orden, o quizás mejor expresado, ordenar lo que nos parece caótico o simplemente desordenado, lo que nos hace -sin saberlo conscientemente- causalistas, buscadores de relaciones causales de todo tipo y naturaleza. Cuando no las encontramos por ninguna vía lógica o experimental, la manera más fácil que tenemos de "resolver" el problema es atribuir todo tipo de cambio al tiempo, aunque nos sea imposible demostrar la existencia de relaciones de causalidad entre el fenómeno atribuido y la causa atribuyente.

Como percibimos psicológicamente el mundo en secuencias, asociamos *causalmente* dichas secuencias a los cambios físicos, pero ello no implica de modo alguno que dichos cambios físicos sean resultado de nuestro orden secuencial mental. Este es sólo el medio por el cual los percibimos. Por ello, nos referimos verbalmente al cambio con las palabras "antes, ahora y después" incluso hasta cuando queremos manifestar que no hemos percibido cambio alguno, por ejemplo, cuando decimos "la piedra está ahora en la misma posición en la que estaba antes" Lo que llamamos *tiempo* se condensa pues en las diferentes formas en que utilizamos dichas tres palabras (*antes, ahora, después*) o sus sinónimos: *pasado, presente y futuro*. El tiempo se reduce pues a un simple artificio verbal. Va de suyo que tales palabras no producen ni pueden producir efecto alguno en sujetos ni objetos del mundo

El Tiempo

físico. A la inversa, nos valemos de tales vocablos para poder describir -de algún modo- la manera en que percibimos el fluctuar del mundo externo e, inclusive, el interno. Si, en cambio, pueden tener efecto sobre sucesos cuya producción depende de la acción u omisión de otras personas. Así, por ejemplo, un jefe puede ordenar a un empleado que realice determinada tarea dentro de -digamos- una semana, un mes, tres meses, etc. Si el empleado en cuestión cumple la orden habrá una modificación en el campo de los sucesos. Pero si -por el contrario- la incumple, ni siquiera en este caso podrá hablarse de *cambio* de ninguna naturaleza. De todos modos, debemos tener bien en cuenta que los agentes causales del cambio son el empleador que ha dado la orden y el empleado que la cumple (en caso de que lo haga) y no algo llamado "tiempo".

Normalmente, suele utilizarse la palabra "cambio" como otro sinónimo más del vocablo "tiempo". En lo que sigue, no utilizaremos esa sinonimia, sino que trataremos el punto sin identificarlos. Los cambios que atribuimos arbitrariamente al tiempo, encuentran origen en factores diferentes a este. Se trata de que -como ya lo advirtiera Heráclito-, la naturaleza del universo es fluir. El universo es fluyente, todo en algún momento cambia. Nadie puede bañarse dos veces en las mismas aguas del río, habría dicho Heráclito. Sin embargo, no todo cambia ni con, ni a la misma velocidad[17]. Usamos la palabra "tiempo" unas veces para designar la velocidad del cambio y otras, para referirnos al cambio mismo. Este uso arbitrario que hacemos[18] de la palabra "tiempo" para hacerle significar unas veces una cosa y otras veces otra diferente, torna más nebuloso aun otorgarle un concepto preciso, y menos todavía, un significado propio. Si bien aceptamos el cam-

---

[17] Y ni siquiera podemos afirmar con certeza "todo" porque no conocemos "todo".
[18] Los humanos

bio como un principio general de la naturaleza[19], resulta dudoso, a nuestro parecer, que ese cambio sea fluido y constante (como de ordinario se asume), puede ser estacionario, e incluso postulamos muchas veces, detenerse. Ahora bien, no debemos perder de vista que el cambio es una mera percepción, y como tal, admite una amplia gama de subjetividades.

Como seres relacionales, vinculamos comúnmente los cambios observados y aun los no observados, al mero "transcurso" del tiempo. La asociación es tan incorrecta como la que hacían los antiguos aborígenes entre la danza para provocar la lluvia y la lluvia desatada. En ese sentido, no hemos dejado de ser primitivos (y aun criticamos con desdén a los primitivos cuando conservamos muchas de sus conductas atávicas y en numerosos aspectos, nos han superado). Si el tiempo no tiene existencia física, ni como onda ni como partícula, carece, pues, de movimiento, ergo, no hay nada que *transcurra* ni "pase". *Transcurrir* y *pasar* son verbos que denotan desplazamiento de una etapa a otra, lo que implica la necesidad de un espacio físico, pero ¿por dónde "transcurriría" ese "tiempo" que siempre decimos que "pasa"? ¿Por dónde se desplaza?, ¿Por qué rutas o caminos? ¿Por cuál espacio físico se mueve? ¿Quién lo ha visto moverse y por dónde lo vio? De idéntico modo, al carecer de existencia material, el misterioso *tiempo* tampoco puede afectar objeto ni elemento alguno del mundo físico ni "creándolo" ni "modificándolo" ni "extinguiéndolo".

Los cambios *físico-químicos* se deben a factores *físico-químicos* en los que la entelequia "tiempo" no interviene. Se tratan de reacciones físico-químicas en la que se combinan constituyentes internos y externos de los elementos. Alguien podría decir,

---

[19] Pero solo como hipótesis.

sin embargo, que "el agua hierve a los 5 minutos" como habitualmente se dice, pero esto es falso, porque en realidad, el hervor del agua dependerá, en rigor, de la cantidad de agua que contiene el recipiente y de la fuerza de la llama. Si disminuimos la cantidad de agua del recipiente y aumentamos la fuerza de la fuente del calor, el agua hervirá más "rápido". Desde luego, que hay otro factor que juega en el "tiempo" en que el agua tarda en hervir, y es el recipiente que la contiene. Si el recipiente es de un material más resistente al calor, el agua tardará "más tiempo" en hervir, si es de un recipiente de menor resistencia, hervirá más "rápido". Es decir, la "rapidez" con la que el agua hierve depende de factores físico-químicos, tales como la resistencia del material donde el agua está depositada, el calor y la intensidad de la llama y la cantidad de agua que se quiera hervir, como factores inmediatos. Y habría muchos más agentes a considerar, por ejemplo, la temperatura de la habitación donde se encuentra el artefacto o cocina, la potencia de la llama, del gas que produce la combustión, incluso el calor que emana de posibles personas ubicadas en el lugar, o de otros artefactos similares o disímiles, y un sin fin de causantes más -próximos y remotos- de los que dependerá el "tiempo" en que se produzca el hervor.

Estos fenómenos físico-químicos pueden ser espontáneos o bien provocados, pudiendo, inclusive interactuar una fusión de ambos. Aunque se suele aludir a los fenómenos espontáneos como "naturales", nuestra tesis en este libro es que tanto los espontáneos como los naturales son tan provocados como los que impropiamente se denominan "artificiales" para distinguirlos de los "naturales". Todo fenómeno natural es provocado por *alguien*, pese a que se tilde de metafísica esta suposición mía.

Al variar aquellos elementos, en el ejemplo del agua a hervir, el "tiempo" de hervor también variará. Pero, en cualquier caso, será falso que "el tiempo" sea agente causal del cambio del estado físico de cualquiera de los componentes en juego[20]. Es que un invento humano, una categoría mental tal como "el tiempo" no pueden tener influencia alguna en ningún acontecimiento del mundo físico-químico. Es nuestra mente la que le otorga entidad y atributos al tiempo, atributos que —al no existir- no tiene en el mundo físico-químico real.

Es más, ni siquiera los físicos —como ya señalamos en este libro reiteradamente- se han puesto de acuerdo en "qué cosa" realmente sea el "tiempo", y los mismos físicos (si bien en minoría) dudan que exista algo llamado "tiempo" (ver lo dicho en el subtítulo de esta obra, "Naturaleza filosófica" del tiempo.). El primero que sembró la duda, si bien no negó abiertamente la existencia real del tiempo, fue Einstein con su teoría de la relatividad. A partir de Einstein, el tiempo dejó de ser lineal y absoluto como lo "era" desde antes y después de Newton hasta él. Con Einstein, el tiempo pasó a ser relativo y -generalmente- los físicos están hoy prácticamente de acuerdo que existen dos grandes "tiempos": el tiempo terrestre y el tiempo del cosmos, es decir algo así como que se han puesto de acuerdo en considerar que para la tierra rige el tiempo "a lo Newton", pero para el espacio intergaláctico regiría el tiempo relativo de Einstein. De esta manera han dejado "conformes" a ambos. De todos modos, asistiendo a las discusiones de los físicos sobre el tema, queda una sola certeza, ninguno de ellos está seguro de "qué cosa" sea el tiempo. De tal forma, el tiempo pasa a ser una mera categoría mental y filosófica, cuya realidad o no, dependerá, en última instancia, de lo que cada uno crea acerca de él. Con todo, como dejamos dicho, la mayoría de los físicos da por sentado la existencia del tiempo, porque les resulta inconcebible e imposible estructurar sus teorías sobre la hipótesis de su inexistencia, sin perjuicio de que muchos de ellos

---

[20] Solo es el resultado de un determinado tipo de medición

El Tiempo

vean como paradójico que pudiera "existir" algo que no pueda, de ningún modo, ser observado en el laboratorio y, mucho menos, ser manipulado como si resulta posible estudiar y manipular partículas y ondas. Muchos hombres de ciencia, imbuidos de un espíritu filosófico inspirado en el positivismo y el materialismo, tienen que dar por supuesto que hay "algo" que llamamos "tiempo", porque, en caso contrario ¿dónde o en qué marco encuadrarían el resto de sus teorías físicas?

Filosóficamente, se puede llegar a la conclusión -de lo dicho antes- que, si hasta Einstein la física consideraba existente sólo el "tiempo de Newton" y después de aquel, el de uno y el del otro, con lo que hemos pasado a tener dos dimensiones temporales diferentes, parecería pues, que nada impediría especular que conforme la ciencia avance podrían llegar a descubrirse muchas más dimensiones temporales. En lo que sigue, especularemos un poco sobre estas posibilidades futuras desde el presente (si es que tiene sentido hablar de "presente" y "futuro", claro). Personalmente, creo que intuitivamente podemos concluir en que existen tantas dimensiones temporales como objetos físicos se hallan en el universo, de momento que el tiempo es una mera percepción psíquica. Se me preguntará qué clase de percepción psíquica pueden tener objetos físicos no humanos tales como los pertenecientes al reino animal o vegetal. Mi respuesta en este caso será que los objetos animados no humanos y los inanimados, son afectados por la idea de tiempo que impera en el lugar donde se encuentran ubicados. Minerales, vegetales y animales no están sujetos a un tiempo diferente que el que los humanos le hemos asignado, si bien convencionalmente se encuentra aceptado que -por ejemplo- los minerales tiene un coeficiente $C=T$ mayor que los seres vivos. Esto también nace de una necesidad humana, la de conocer, clasificar y catalogar todo lo existente, con un claro objetivo de -al hacerlo- poder, como efecto secundario o principal, controlarlo. Más, la realidad es que desconocemos la dimensión temporal de los objetos físicos no humanos. Ergo, le atribuimos nuestra propia clasificación y categorización, que es -como dejamos dicho- un simple mecanismo de medición al cual, por un increíble proceso cuasi mitológico, le hemos atribuido propiedades inexistentes por no haber jamás sido observadas.

Si lo dicho arriba es así ¿por la gente habla con tanta seguridad del tiempo, cuenta horas, días, meses y años, minutos y segundos, celebra aniversarios, cumpleaños, etc. habla de "mucho" o "poco tiempo", etc.? Existen varias explicaciones a este "curioso" fenómeno tan extendido, la mayoría de ella de orden psicológico o psíquico, según he meditado.

Hay toda una tradición y una cultura al respecto que parte de los primeros filósofos griegos hasta la actualidad. Todos ellos –por lo que sabemos- dieron por sentado la existencia de un tiempo físico y material, lo hicieron antes y, además, nos enseñaron y convencieron de que eso "estaba bien" y así debía hacerse, lo que, sumado a su fama y autoridad, resultó suficiente como para que las generaciones posteriores lo admitiéramos sin más. Esta, podemos decir, es una causa cultural o histórico-cultural con efectos psicológicos y -en última instancia- sociológicos. Veamos ahora un poco más de cerca algunas causas de raigambre más psicológica aún. Inventamos el tiempo por una cuestión de seguridad, de querer aferrarnos a cosas seguras, de sentir la sensación de que tenemos un punto de referencia. En definitiva, necesitamos algo como el tiempo porque tenemos miedo. No sabríamos que hacer en un mundo **sin** tiempo. Ni siquiera sabríamos quienes somos, porque nuestros puntos de referencia son externos y el tiempo es algo interno que hemos externalizado para poder usarlo como punto de apoyo, es decir, como punto de referencia. La mayoría de las personas le da suma importancia a su tiempo de vida (o edad), sea mucho, o sea, poco, necesitan aferrarse a él, saber cuánto tiempo han vivido y cuánto tiempo vivirán ¿por qué? Por lo mismo, porque esto les da certezas, seguridades, les da un punto de referencia, les permite saber dónde están parados. Les permite saber qué cambios vendrán y cuando. Pero en realidad se engañan. Todas esas cosas las están inventando ellos, por necesidad claro, pero es una necesidad que nace del temor a reconocer que el tiempo sólo existe en sus mentes. Los cambios no vienen del tiempo, vienen de nosotros, se originan en nuestro propio interior. Muchas otras personas utilizan el tiempo como un medio "idóneo" para reclamar respeto o algún trato considerable, especialmente en aquellos lugares donde las tradiciones juegan un rol muy respetable y donde las costumbres son más bien de tipo conservador. En muchos casos, la antigüedad da una suerte de status, de jerarquía, de lustre, en una palabra, otorga cierta importancia. Opino que es una forma bastante pobre y hueca de reclamar atención, además de conllevar -una actitud semejante- una carga prejuiciosa enorme.

Los seres humanos podemos realizar cambios. Tenemos el poder para realizar una cantidad de cambios muy grande, inclusive en terrenos en los cuales normalmente creemos que no podemos cambiar cosa alguna, por ejemplo, podemos realizar cambios orgánicos en nuestro propio cuerpo. Podemos -y de hecho los hacemos-, programar tales cambios para determinados períodos. Nos fijamos, consciente o inconscientemente, plazos para que dichos cambios se operen, y cuando llega el tiempo esperado, aplicamos el cambio. Tales cambios son de dos tipos, externos e internos. Tenemos conciencia de los cambios externos, pero muy poca de los internos, que también -en algún momento de nuestra vida- hemos programado. Menos conciencia tenemos aun de cómo los cambios internos son los agentes causales de los externos. Generalmente, atribuimos la responsabilidad de los cambios – sean externos o internos- a factores externos: otros como nosotros (la mayoría de las veces), o bien, acusamos dicha responsabilidad a entidades ficticias, tales como la suerte, el azar o el tiempo. Consideramos que los "responsables" de los cambios son siempre, o personas que se relacionan o no de alguna manera con nosotros, o si no, categorías mentales como la suerte, el azar, el destino o sencillamente el tiempo. Nótese que rara vez nos consideramos responsables de ninguna clase de cambio. Los mensajes fatalistas que recibimos a diario desde nuestra niñez en adelante siempre nos informan que las cosas "nos pasan por culpa de otros", es decir; nosotros siempre somos "víctimas" de otras personas o de fantasmas mentales, tales como "el tiempo". El "pobre tiempo" siempre resulta ser el culpable de cosas que nada tienen que ver con él. El tiempo es inocente en todos los casos, porque el tiempo sólo existe en nuestra mente. Desde luego que, ciertos factores externos pueden producir cambios, como, por ejemplo, un accidente, pero -aun en este caso- siempre hay una cierta interacción causal (o tal vez, más propiamente, inter-causal) entre el agente accidentante y el agente accidentado. Con todo, no son las situaciones más corrientes.

En última instancia el origen de todo cambio es de naturaleza mental. Y con esto involucramos desde la Mente Rectora del universo, hasta la mente humana. Adherimos -con algunas reservas que hemos mencionado en otra parte- al principio del mentalismo, expuesto en El Kybalión[21]. Entramos en un terreno espinoso de la exposición, pero desde ahora adelantamos que no participamos de la creencia en fuerzas ciegas e incontroladas de la naturaleza que operan en un sentido o bien en otro. En otros términos, nos enrolamos claramente en el indeterminismo expuesto del modo en que lo hace K. R. Popper. Y sin duda, dentro de dichas fuerzas no se encuentra el tiempo, como no se lo halla, de hecho, en ninguna parte, excepto en los relojes y calendarios, productos también de nuestra mente.

---

[21] Probablemente este sea el único punto en que nos manifestamos de acuerdo con dicho texto. En general se trata de un escrito breve, confuso y con poco desarrollo. Pero de ello nos ocupamos con algún detalle en otra obra.

El Tiempo

71

Gabriel Boragina

El Tiempo

Capítulo 3. Percepción.

Espacio y tiempo valen como condiciones de la posibilidad de que nos sean dados objetos, no más que para objetos de los sentidos, por tanto, sólo de la experiencia. Por encima de esos límites, nada representan; pues están sólo en los sentidos y no tienen, fuera de ellos, realidad alguna.

I. Kant, *Crítica de la razón pura.*

Hemos sostenido ya en otras oportunidades, que el tiempo -a nuestro juicio- no tiene existencia física. El tiempo sólo es un concepto, una mera idea creada por el hombre. El mundo físico nos muestra cuerpos, generalmente en movimiento, en un rango disímil de velocidad. Es decir, el mundo físico se compone por cuerpos que se desplazan a diferentes velocidades. Los objetos del mundo físico también -a veces- presentan cambios que suelen ser atribuidos al tiempo, pero el elemento "tiempo" –según postulamos en este libro- es un agregado conceptual elaborado por el hombre sin existencia en el mundo físico.

Los cuerpos y sus movimientos son perceptibles por los sentidos, en mayor o menor medida. Pero el tiempo no es perceptible por los sentidos, excepto en cuanto a la forma de manifestarlo, esto es, mediante relojes y calendarios. De allí que sostenemos que el tiempo no existe en el mundo físico, sino que existe meramente en el mundo conceptual o psíquico. I. Kant lo explicó de otro modo, dando un significado ligeramente diferente al nuestro en algunas palabras. Veamos cómo lo explica:

> "Nuestras afirmaciones enseñan, pues, la realidad empírica del tiempo, es decir, su validez objetiva con respecto a todos los objetos que pueden ser dados a nuestros sentidos. Y como nuestra intuición es siempre sensible, no puede nunca sernos dado un objeto en la experiencia, que no se encuentre bajo la condición del tiempo. En cambio, negamos al tiempo toda pretensión a realidad absoluta, esto es, a que, sin tener en cuenta la forma de nuestra intuición sensible, sea inherente en absoluto a las cosas como condición o propiedad. Tales propiedades que convienen a las cosas en sí, no pueden sernos dadas nunca por los sentidos. En esto consiste, pues, la idealidad transcendental del tiempo, según la cual éste, cuando se hace abstracción de las condiciones subjetivas de la intuición sensible, no es nada y no puede ser atribuido a los objetos en sí mismos (sin su relación con nuestra intuición) ni por modo subsistente ni por modo inherente. Sin embargo, esta idealidad, como la del espacio, no ha de compararse con las subrepciones de la sensación, porque en éstas se presupone que el fenómeno mismo, en quien esos predicados están inherentes, tiene realidad objetiva, cosa que aquí desaparece enteramente, excepto en cuanto es meramente empírica, es decir, que aquí se considera el

objeto mismo, sólo como fenómeno: sobre esto véase la nota anterior de la sección primera."[22]

Conviene aclarar ahora en que significado I. Kant emplea el término "sensible". Al respecto dice en otro pasaje de su obra que: "... la representación de un cuerpo no encierra en la intuición nada que pueda convenir a un objeto en sí, sino contiene el fenómeno de algo y el modo como nosotros somos afectados por ese algo; y esa receptividad de nuestra capacidad de conocimiento se llama sensibilidad y sigue siendo totalmente diferente del conocimiento del objeto en sí mismo, aunque se penetre en el fenómeno hasta el mismo fondo."[23] Es decir, I. Kant habla de "sensibilidad" como del primer nivel de la facultad de conocer. Es el nivel receptivo o pasivo que recibe las impresiones o sensaciones, tanto internas como externas, y como hemos visto, ubica al tiempo (y al espacio) dentro de las internas. Mi tributo a I. Kant por haber explicado en 1781 algo de lo que yo, sin conocer su obra, "redescubrí" hoy.

Veamos ahora como I. Kant refuta algunas objeciones sobre su teoría. Dice: "Contra esta teoría que concede al tiempo realidad empírica, pero le niega la absoluta y transcendental, presentan una objeción los entendidos, con tanta unanimidad, que me hace pensar que ha de hacerla también naturalmente todo lector para quien no sean habituales estas consideraciones. Dice la objeción como sigue: las mutaciones son reales (esto lo demuestra el cambio de nuestras propias representaciones, aunque se

---

[22] Immanuel Kant. *Crítica de la razón pura*. Traducción de Manuel G. Morente. Edición digital basada en la edición de Madrid, Librería General de Victoriano Suárez, 1928, pág. 56

[23] Óp. Cit. nota anterior, pág. 61.

quisieran negar todos los fenómenos externos con sus mutaciones). Las mutaciones, empero, no son posibles más que en el tiempo; el tiempo, pues, es algo real. La contestación no ofrece dificultad. Concedo todo el argumento. El tiempo es, desde luego, algo real, a saber: la forma real de la intuición interna. Tiene, pues, realidad subjetiva en lo tocante a la experiencia interna; es decir, tengo realmente la representación del tiempo y de mis determinaciones en él. Es pues, real, no como objeto, sino considerado como el modo de representación de mí mismo como objeto. Más si yo mismo u otro ser pudiese intuirme sin esa condición de la sensibilidad, esas mismas determinaciones, que nos representamos ahora como mutaciones, nos darían un conocimiento en el cual no se hallaría la representación del tiempo y, por ende, tampoco de la mutación. Subsiste, pues, su realidad empírica como condición de todas nuestras experiencias. Sólo la realidad absoluta no le puede ser concedida, por lo anteriormente dicho. No es más que la forma de nuestra intuición interna. Si se quita de él la particular condición de nuestra sensibilidad, desaparece también el concepto del tiempo. El tiempo, pues, no es inherente a los objetos mismos, sino sólo al sujeto que los intuye."[24]

Todo lo cual es bastante parecido, (sino exactamente similar) a lo que nosotros afirmamos en este libro: el tiempo sólo existe como realidad subjetiva, no objetiva, pese a la cual, y como ya le objetaban a I. Kant según nos relata, la gente piensa del tiempo en un sentido inverso al expuesto. Lo que llamamos tiempo no es ninguna otra cosa que la representación que nos hacemos del mismo, plasmada en los instrumentos con los cuales creemos medirlo. Los artilugios inventados por el hombre para "medir" el tiempo, no desmienten lo anterior. En realidad, el tiempo "objetivo" nace con su medida, es decir con la invención

---

[24] Óp. Cit., nota anterior, pág. 57.

El Tiempo

de relojes y calendarios (típicos instrumentos creados para "medir" el tiempo y que literalmente son tomados como el tiempo mismo). La analogía de la foto viene a cuento para explicar el punto: cuando veo una foto de una persona, no estoy viendo a la persona, sin embargo, si estoy viendo la foto con alguien más suelo decirle: "mira, aquí está Juan" mientras señalo la foto. Pero Juan no está –por supuesto- allí, sólo está su imagen. Exactamente lo mismo sucede con los relojes y los calendarios cuando al hablar de ellos nos referimos a "el tiempo que falta", o "lo tarde que es" o "cuánto tiempo pasó". Nada de todo esto que decimos "está allí" (ni en ninguna parte, en rigor) son sólo las manifestaciones de una intuición sensible -al decir de I. Kant-, o lo que yo llamo una mera percepción. De ello que sea inevitable al hacer referencia a la palabra "tiempo" pensar de inmediato (y asociar la palabra) con relojes y calendarios. Pero el tiempo no son relojes y calendarios, de la misma manera que la distancia no son las señales y letreros rojos y azules en el camino que nos indican que la próxima localidad está a xx Km del punto donde nos hallamos. Con todo, podemos convenir que el tiempo sea el reloj o el calendario, en realidad esta cuestión carece de toda relevancia, habida cuenta que no hay nada que exista llamado "tiempo" excepto como una mera intuición, no tiene demasiada importancia de qué modo vamos a denominar a algo que sólo existe como idea dentro de nosotros, o de nuestra mente, si se prefiere. Podemos convenir en que el "tiempo" sean relojes y calendarios, lo relevante no es esto, sino reconocer que estamos dando ese nombre a objetos materiales, en el caso del reloj, por ejemplo, a un mecanismo o artificio mecánico, y en el del calendario a un pedazo de papel o de otro material, donde se han anotado una serie de números y de nombres dados a un conjunto de números que generalmente hemos convenido separar en cantidades de 30 o 31 números, exceptuando una hoja donde anotamos 28 o 29.

Gabriel Boragina

El diccionario define al reloj como "**2** Artificio en general ideado para medir el tiempo o señalar las horas"[25]

La definición no deja de ser extraña, habida cuenta que pareciera indicarnos qué horas y tiempo serian cosas distintas, sin explicarnos cuál podría ser esa "diferencia". Pero bien, dejando de lado este defecto de la definición, si el tiempo no ocupa lugar en el espacio ¿cómo puede entonces medírselo? Todos podemos entender que es posible medir el espacio[26], pero ¿cómo medir algo que no está en el espacio[27]? La humanidad intentó resolver este aparente "problema" mediante lo único que podía hacer: medir (o intentar hacerlo) el movimiento de las cosas que sí, están en el espacio, y a esa medida (del movimiento de las cosas) es a lo que llamó "tiempo".

En realidad, relojes y calendarios lo que pretenden es medir velocidades de desplazamiento en objetos desde un ángulo diferente de medición. La diferencia entre un reloj y un velocímetro radica en la unidad de medida. Mientras el velocímetro cuantifica velocidad por centímetros, metros y kilómetros, el reloj común y corriente cuantifica el inicio y fin del movimiento de un cuerpo dado, al resultado de esta última cuantificación la llamamos "duración" del movimiento o "tiempo". Y así decimos por ejemplo que un objeto X se desplaza a una velocidad de 200 Km *por hora*. Ahora bien, si bien la distancia recorrida es objetiva en el sentido de que es comprobable físicamente (ya que podemos ver u oír -o ambas cosas- al objeto que se desplaza y el plano en el que se desplaza) el tiempo no lo es. Es decir, podemos ver la

---

[25] *"reloj", Enciclopedia Microsoft® Encarta® 99.* VOX - Diccionario General de la Lengua Española, © 1997 Biblograf, S.A., Barcelona. Reservados todos los derechos.
[26] Siempre que este limitado por una superficie plana o curva.
[27] En rigor, lo único que se puede medir es la distancia entre dos puntos físicos.

El Tiempo

medición del reloj, pero eso en manera alguna implica "ver" el tiempo. Nuevamente, lo que vemos es el instrumento de medición (reloj) no el tiempo. Llamamos "tiempo" al desplazamiento[28] de las agujas del reloj, pero dicho desplazamiento no es el tiempo en sí mismo. O lo es, si se quiere, pero no cambia la cuestión de fondo que estamos investigando en este libro: la esencia o naturaleza del tiempo como objeto físico, si existe, lo que negamos de plano.

Esto que así dicho luce muy obvio, aunque parezca mentira no lo es. Hablamos del tiempo como algo tangible, como si pudiéramos verlo, tocarlo, oírlo, olerlo, como a una manzana o a un ladrillo. Pero eso no ha sucedido jamás. Cuando alguien comenta que tiene la sensación de que un acontecimiento, que, según los calendarios oficiales, ha sucedido hace "mucho tiempo" parece que "hubiera ocurrido ayer", normalmente se observa a dicha persona con simpatía y se dice de ella que tiene una "falsa" percepción del tiempo. En realidad, sucede todo lo contrario. En parte, porque conforme hemos explicado, el tiempo no puede ser objeto de percepción externa conforme ya había enseñado I. Kant, ya que no tiene (señalamos nosotros aquí) entidad física (ni sólida, ni liquida, ni gaseosa, ni siquiera molecular. No existe "la molécula del tiempo"). No hay percepción física del tiempo, la única percepción posible de la categoría-mental-tiempo es la percepción psicológica o mental, valga la redundancia. Si un objeto no tiene existencia física[29] no puede afirmarse que las percepciones que del mismo tienen otras personas son falsas o verdaderas, porque no hay con qué contrastarlas. Lo más que puedo decir al

---

[28] Cuya velocidad también es convencional.
[29] La forma de determinar si un objeto tiene o no existencia física es mediante su observación y/o manipulación en el laboratorio. Si esto no es posible, no existe como objeto físico. Existirá entonces como objeto metafísico.

otro es "no estoy de acuerdo con su percepción de X" o bien "yo percibo de otro modo".

Supongamos que el objeto a analizar es el minotauro, o el Pegaso, o cualquier otro animal o ser mítico, o bien el alma, el espíritu, el ángel, etc. Estas entidades, y otras similares, no tienen existencia física, en el sentido de que no son perceptibles por los sentidos humanos, ni pueden ser estudiados ni analizados en el laboratorio científico. Si yo afirmo, por ejemplo, que mi percepción del alma es "blanca" o es "movimiento" o es de "energía lumínica", y que se desplaza a X velocidad por hora, minuto o segundo, carece de sentido que un tercero me "refute" diciéndome que tengo (o padezco) de una "falsa percepción" del alma, o del espíritu, o de cualquier entidad abstracta de este tipo. De la misma manera que si digo que mi percepción del Pegaso es la de un animal que, además de volar y cabalgar, era capaz de nadar, o de tocar el violín, carece de sentido que se me replique que tengo una "falsa percepción" del Pegaso. Ocurre que quien así me responde no puede demostrar lo contrario a lo que digo, por la sencilla razón de que tales entidades no poseen existencia física verificable por medio de los sentidos humanos corrientes, y que nos permitan contrastar nuestras diferencias al respecto. Y tampoco podemos recurrir a ningún científico que nos permita comprobar quien de los dos está en lo cierto y quien en el error. Sencillamente, el científico en cuestión tampoco podrá hacer absolutamente nada en tal sentido para ayudarnos. Muy bien, exactamente lo mismo ocurre con relación al tiempo. Es sorprendente que el tiempo haya perdido su entidad mítica y que hoy en día se lo tenga por una verdad evidente por sí misma como si fuera objetivo u objetivable, cuando en realidad no hay, no existe manera alguna de probar su existencia fuera de la mente de las personas que lo idealizan e imaginan. Cuando se critica a alguien diciéndole que tiene una "falsa percepción" del tiempo; lo que está haciendo el crítico en ese momento, es simplemente contrastar la fecha (del calendario oficial) de ocurrencia del hecho referido por el tercero

El Tiempo

con la fecha (otra vez del mismo calendario) o reloj actual oficiales y -sencillamente- aceptados por una enorme mayoría de personas como exacta representación del "tiempo". Es decir, que lo que hace el crítico es –meramente- aceptar como "tiempo" relojes y calendarios, o sea, confundir el objeto de análisis con el instrumento que lo mide. Lo que varía es el punto de referencia de dos personas. Al criticar las percepciones de tiempo -sean propias o ajenas- lo que hacemos no es otra cosa que manifestar nuestra adhesión a lo que de pequeños nos han enseñado como lo que el tiempo es: relojes y calendarios, y la forma de contabilizarlo. Es decir, estamos aceptando un convencionalismo social, y no una realidad del mundo físico objetivo; lo que -en suma- estamos admitiendo es lo que otros han dicho que el tiempo "es" o "debe" ser para todo el mundo.

Ahora bien, si el tiempo no es objetivo, si no tiene existencia física real, entonces sólo puede ser subjetivo. Tal subjetividad no le quita realidad. Las ideas, los sentimientos, las emociones, los miedos, las dudas, son reales, porque las tenemos, son objetos de experiencia psíquica. Casi todos las sentimos alguna vez en nuestras vidas. Y la sensación de algo llamado "tiempo" dentro de nosotros también es real. Decir que el único tiempo que existe en la realidad es el tiempo subjetivo, no es negar la realidad del tiempo. Es simplemente, poner al tiempo en su verdadero lugar, es decir, dentro de la mente de cada persona, lo que I. Kant llamó intuición sensible y yo llamo aquí percepción. Como ya explicamos, el tiempo no es más que la *sensación de sucesión*, que es -a su vez- producto de una limitación psíquica, a saber: la de sernos imposible percibir fenómenos *simultáneos*, siéndonos únicamente posible percibirlos de modo *sucesivo*, es a esto, en última instancia, a lo que llamamos "tiempo" y por extensión lo trasladamos a la denominación que del mismo modo hacemos de relojes y calendarios. Una forma literal de demostrar esto es como las personas de habla inglesa preguntan la hora, con el clásico "what time is it"? cuya traducción literal sería "¿qué tiempo es"?, donde se ve de manera explícita lo que pretendemos explicar en este punto : la identificación de un artificio mecánico, como es en el caso, el reloj, con la "esencia" del tiempo, es decir, la condensación en un aparato mecánico de un concepto, que nace - a su vez- de la pura intuición, que según I. Kant es siempre sensible.

Esto significa -para nosotros- que no hay UN tiempo, sino muchos, tantos como seres existen. Y dichos tiempos difieren entre sí, unas veces en mucho y -otras veces radicalmente. De allí que, cuando alguien tiene "la sensación" de que algo, un suceso que, según los calendarios oficiales, ocurrió hace mucho, pero mucho tiempo "parece que hubiera sucedido ayer", dicha sensación es mucho más que una mera ilusión, no tiene, en realidad, nada de ilusión, es verdaderamente real. Los tiempos subjetivos son tiempos biológico-mentales reales que no siguen calendarios oficiales impuestos por terceros. Podemos así hablar de los tiempos relativos, contrarios al tiempo absoluto de Newton. Tiempos relativos que, nacen de las múltiples percepciones del tiempo que difieren de ser en ser, de grado en grado, en la medida que su percepción psíquica de los sucesos sea mayor o menor, pero donde también juega un rol de la máxima importancia el de la generación de sucesos. En la medida que tomamos conciencia de una realidad atemporal, donde todos los fenómenos suceden a un mismo "tiempo", pierden sentido las divisiones clásicas de pasado, presente y futuro, como también lo pierden si aceptamos que cada fenómeno sucede en su propio tiempo, ya que nos resultaría imposible determinar los límites de cada uno de esos tiempos, por ser imposible conocer todos los tiempos a la vez, lo que equivaldría a la pretensión de conocer todos los sucesos del universo, conocimiento que sólo Dios posee y no los hombres.

Los calendarios que nos rigen hoy, esos que tenemos en las agendas y almanaques a la vista de todo el mundo y por todas

El Tiempo

partes, han sido impuestos en "tiempos" remotos por personas físicas, seres humanos como el lector o yo, por autoridades eclesiásticas o militares. Nuestro calendario "gregoriano" ha sido impuesto por el Papa Gregorio en épocas ya lejanas. Y antes que él, regía el calendario juliano impuesto por el emperador romano homónimo. A poco de examinar el tema, descubrimos que dos personas en la historia, han decidido -para toda la posteridad- "que cosa" sea el "tiempo", o quizás mejor expresado, cuanto debería "durar" ese tiempo y como habría que "medirlo".

Algunas expresiones de uso común son equivocas, e inducen a confusión a pesar de que se las toma por verdaderas. Por ejemplo, no es cierto que el tiempo "pase" teniendo el verbo "pasar" la acepción de "transcurrir". El tiempo no "pasa" porque el tiempo no tiene movimiento. Desde luego, seguimos refiriéndonos al plano físico. Ergo, el tiempo no "transcurre" como habitualmente se dice. Al hablar así nos referimos al desplazamiento de las manecillas del reloj o a la convención de considerar que después del día número 5 de un determinado mes del calendario viene el día número 6. Pero eso no es más que una convención mental. No puede observarse en el mundo físico el pasaje de algo llamado "5" a algo llamado "6". Lo que denominamos "transcurso del tiempo" no es ninguna otra cosa que una abstracción matemática; por la cual llamamos "transcurso del tiempo" a una serie de operaciones matemáticas (que -nuevamente- son mentales) en el que hemos convenido imaginar al unísono que si a un día le sumamos —por ejemplo- 20 tendremos como resultado ha han pasado 21 días, o que, si nos estamos refiriendo al futuro, "pasarán". Ahora bien, como decimos, todo esto no son más que entretenimientos mentales o bien operaciones matemáticas que no se corresponden con nada que tenga existencia física real y que pueda designarse como "tiempo". El tiempo es algo que medimos matemáticamente; las matemáticas son una ciencia abstracta, ergo, el tiempo es una entidad enteramente abstracta, habida cuenta que se cree que la "única" forma de medirlo es matemáticamente. En este libro propondremos métodos alternativos para medir el tiempo[30].

El "tiempo" es –entonces- un juego semántico-matemático en el cual jugamos (literalmente hablando) con palabras y números. Estas palabras pueden ser desde la misma palabra "tiempo", pasando por otras, como "segundos, minutos, horas, días, semanas, meses, años, siglos", etc. por un lado, y los clásicos: *transcurrir, devenir, pasar*, etc. El juego matemático comienza cuando hacemos las operaciones correspondientes y decimos, por ejemplo, que un "mes" tiene treinta o treinta y un "días". Lo mismo da si cambiamos –en el ejemplo dado- las palabras "mes" y "días" por otra cualquiera, incluso por términos nuevos cuyo significado se ignore, por ejemplo, en lugar de "mes" podríamos hablar de "xoms" y en lugar de días de "opoles". Y de esta manera decir que treinta "opoles" dan un "xom", es igual decir que treinta días dan como resultado un mes. Son juegos verbales convencionales por los cuales pretendemos representar cosas que no tienen existencia en el mundo físico objetivo. El juego semántico puede estar reemplazado, en última instancia, y reducido al juego matemático, pero este tampoco nos sirve de nada para determinar la naturaleza y menos aún la existencia del tiempo. Decíamos arriba que casi todos hemos tenido la experiencia de vivir cosas "demasiado rápido" o "demasiado lento". Cuando decimos "demasiado rápido" o "demasiado lento" nos estamos refiriendo -ya sea consciente o inconscientemente-, nuevamente, a los relojes y calendarios oficiales y convencionales. Es decir, estamos contrastando nuestro tiempo subjetivo con el tiempo objetivo de relojes y calendarios. A la diferencia entre ambos es a lo que tildamos de "demasiado rápido" o "demasiado

---

[30] Si es que alguien siente o tiene la necesidad de medirlo.

lento". Pero la expresión, sin embargo, adquiere sentido real cuando se traslada al mundo subjetivo.

Para una opinión física del tiempo, recomiendo mucho leer el libro *La ecuación del amor* de José Molina Al Mansa (Molwick). Puede leerse y descargarse la versión digital del libro desde este sitio: http://www.molwick.com/ecamor.es/aa1-100-cuacionamor.html.

Pero más allá de las horas, días, semanas, meses, años, etc. no es la manera en que percibimos el tiempo real, o al menos no siempre lo percibimos bajo tales convencionalismos nuestra percepción del tiempo es -en realidad- la de sucesos. Nuestro tiempo subjetivo es medido por la cantidad de sucesos percibidos, la aparición de los sucesos A, B, C, D, etc. es lo que nos da la sensación de "transcurrir o devenir" (expresiones que parecen partir de Heráclito) a esa cadena es a lo que llamamos tiempo subjetivo; el orden en el que A, B, C, D, etc. aparecen ante nuestra psiquis, la velocidad con que lo hacen, determina que tengamos la sensación de *lento* o *rápido*, *más pronto* o *más tarde*, todo esto con independencia de los relojes y los calendarios oficiales. Los cuatro sucesos pueden presentarse en el sujeto X en el término de –v.gr.– una hora, en tanto que en el sujeto X1 pueden representarse los mismos 4 sucesos en el término –v.gr.– de 10 minutos, sin embargo, en términos absolutos (o netos) ambos sucesos tendrán igual duración. Pese a que en el tiempo relativo (subjetivo) unos tardaron más que los otros, en el tiempo oficial (objetivo) a X y X1 ambos tuvieron idéntica duración. Esta disparidad se presenta a menudo en muchas personas y es lo que nos da la sensación de cosas que pasan o nos pasan muy rápido o muy lentamente. En realidad, las cosas suceden en tiempos diferentes y cuando se quieren uniformar artificialmente sucesos que naturalmente ocurren en forma y oportunidades disimiles, queda oculta la diferencia y lo que aparece en su lugar es una representación de "igualdad" donde en esencia no existe. El porqué de que los sucesos aparecen psíquicamente en diferentes velocidades unos a otros y unos con los otros responden a su vez a las diferencias naturales de todo lo existente. La pretensión de encontrar y establecer **un** único tiempo–o mejor dicho una única medida de tiempo- para ello, es una imposición de tipo artificial a la forma en que la naturaleza se manifiesta en la realidad. Desde luego mediante el libre albedrio cada sujeto puede modificar la frecuencia y secuencia de la aparición de fenómenos e -incluso- la creación de fenómenos.

El Tiempo

Capítulo 4. Sobre las certezas.

Como venimos diciendo, el tiempo no existe en el mundo objetivo; se trata de una creación mental como concepto, y como fenómeno no es más que una mera intuición, como lo explicaba I. Kant; relojes y calendarios son creaciones convencionales, tales como el lenguaje o las matemáticas; semejantes convencionalismos nos sirven para acordar con otros, actividades, pero poco nos dicen sobre nuestra esencia; nuestra esencia es atemporal, más al perder memoria de nuestra divinidad nos hemos temporalizado; hemos organizado nuestra biología en torno a relojes y calendarios, cuando -en realidad- debería ser independiente de ellos; si lo deseáramos, si realmente nos lo propusiéramos, podríamos invertir la ecuación, y organizar nuestros relojes y calendarios en torno a nuestra biología; o mejor aún, prescindir de ellos. Claro que esto presentaría el problema de que nuestros relojes y calendarios no serían uniformes; en realidad dicho problema ya existió en la antigüedad, hasta que surgió la "necesidad" de establecer un calendario y unos horarios únicos para toda la humanidad; dicha necesidad, se observa, surgió del estado, del gobierno, del monarca, del déspota, de todo aquel o aquellos que detentaron poder en la antigüedad. La creación de calendarios y relojes por parte de los gobiernos fue debida a causas muy claras, concretas y puntuales, a saber: establecer la regularidad para el cobro de los tributos, tratando de que esta fuera lo más frecuente posible. También era objetivo fijar las fechas para batallas y conquistas de pueblos, naciones, continentes, etc. es decir, también en el caso del llamado estado o gobierno, la creación de relojes y calendario obedeció a causas muy concretas y puntuales todas relacionadas con el interés del monarca, rey o jefe de estado.[31]

Todos elegimos –sin excepción- lo que nos pasa y lo que hacemos. Todas las situaciones de nuestra vida responden a elecciones previas nuestras, sean estas elecciones conscientes o inconscientes. En realidad, la mayoría de nuestras elecciones son inconscientes y han sido programadas en épocas muy remotas. Elegimos el tiempo de nuestras acciones y elegimos nuestro tiempo de vida; la cultura socialista -dominante desde hace décadas- nos convenció de que no podemos elegir estas cosas; nos convenció de que somos fantoches del destino; pero esto es una falsedad; el destino lo construimos nosotros, a cada paso, con cada acción, producto a su vez de una elección personal, que a su vez proviene de una idea consciente o inconsciente. Naturalmente, el lector podrá no estar de acuerdo con estas opiniones, y está en su derecho, le recordamos que no estamos haciendo más que expresar nuestros particulares sentires sobre toda esta temática y el amable lector estará en todo su derecho a disentir con estas manifestaciones.

---

[31] Aun hoy día -no obstante- muchas religiones y pueblos orientales sobre todo se manejan con calendarios diferentes a los occidentales.

El Tiempo

La mayoría de nuestras acciones –sostenemos- son inconscientes debido a que tenemos una tendencia a automatizar nuestros comportamientos, a modo de síntesis[32]. Por eso, muchas veces somos analíticos de situaciones que deberían ser detalles y convertimos en detalles situaciones que deberían ser objeto de un más profundo análisis. Tenemos tendencia a formar hábito de todo o de casi todo. Creo que una actitud racional sería revisar nuestros hábitos ya que por "efecto de imitación" se nos "pegan" hábitos malsanos que son, nuevamente productos de teorías erróneas.

Autores como Conny Méndez, Louise Hay y otros, nos alertan sobre las limitaciones. Y la advertencia viene a propósito porque tenemos también una fuerte tendencia a limitarnos. Esto se agrava con la tendencia adicional a limitar a otros, producto a su vez del miedo. Al temer la acción de otros tendemos a limitarlos, porque de la misma manera nos creemos limitados. Nos limitamos, tratamos de limitar a otros hasta nuestros límites y a su vez esos otros tratan de limitarnos a nosotros a sus límites. Así se forma y se crea un mundo limitado. El tiempo está fuertemente asociado a la idea de limitación, de allí que lo necesitemos como elemento auto limitador. La limitación temporal nos da una idea y una sensación de seguridad porque sirve para acotar nuestras incertidumbres. Conocer los plazos de todas las cosas acota la incertidumbre, que es ésta última, lo que nuestra parte humana no tolera. Por eso digo que creamos "el tiempo" lo creamos porque lo necesitamos para limitarnos y limitar a otros. De allí que sostengo que es falso que la gente quiera ser eterna o vivir eternamente. Y porque no lo desea en realidad no alcanza dicha eterni-

---

[32] Los procesos conscientes e inconscientes son mucho más amplios, abarcan una gama infinita de posibilidades y sería sumamente extenso abordarlos todos ahora. Por lo que dejamos expuestas estas ideas provisorias sobre los mismos.

dad. En el subconsciente de la mayoría, la idea de eternidad resulta espantosa ya que, de la misma manera,[33] se obtendría -en la práctica- sería una eterna incertidumbre, o, dicho de otro modo, una inseguridad eterna. Vivir representa costos, sacrificios, trabajos ingratos, muchas veces experiencias negativas. Pocos creen que la vida sea un lecho de rosas ¿quién podría desear una vida eterna en estas circunstancias? ¿Quién podría desear una indefinida prolongación de un sufrimiento? Para evitar esta tragedia la humanidad inventó el tiempo, rechazo su divinidad, y se acotó y limitó a vivir durante X cantidad de años. Dicho plazo delimita tanto las desdichas como las alegrías, las tragedias como los placeres. Esto anida en el subconsciente de la mayoría, a pesar de que en su hablar cotidiano expresen un "deseo" inverso o "manifiesten" que desean vivir eternamente. Alguien podría decir que desearía vivir eternamente "sin problemas", pero en el fondo de su alma sabe que la vida no es eso, que existen costos, problemas, tribulaciones, angustias, de allí que la idea de un paraíso, "un edén en el cielo eterno" sea tan atractiva a tantos, simplemente no creen en un edén en la tierra. Lo juzgan "imposible".

En realidad, las tribulaciones y angustias no son más que invenciones humanas. El problema es que no las reconocemos como tales. Atribuimos las mismas al destino, a la fatalidad, al devenir, a Dios, al demonio, etc., en fin, todas excusas para ocultar y negarnos a nosotros mismos a la autoría de nuestro destino, sea este positivo o negativo. Por otro lado, está la necesidad de precisión o de ser exacto, que es otro medio de demarcar la incer-

---

[33]Lo que en realidad ignoramos por completo si existen personas eternas, es decir, no sólo de alma inmortal, sino también de cuerpo inmortal. La creencia de que el cuerpo es mortal se vería refutada con la aparición de un caso de inmortalidad corporal. Los cristianos solo tenemos esa certeza de Nuestro Señor Jesucristo.

tidumbre, fruto esta última de nuestra incapacidad de ver el futuro. La imposibilidad o dificultad de predicción excepto en muy pocos puntos, genera una situación de angustia en el ser humano, ergo, el remedio buscado y encontrado para paliarla es, nuevamente, el objeto de nuestro estudio: el tiempo. De allí que, estudios como la astrología tengan tantos adeptos y tanta popularidad, cada vez mayor, podríamos decir. Para los astrólogos, la existencia del tiempo –por supuesto- es fundamental, se puede decir que es su materia prima, sin un tiempo físico, externo y objetivo y –además- clásico (al estilo del tiempo de Newton) la astrología -y otras disciplinas afines- sería imposible. Claro que, la posibilidad de predicción del futuro a través de la astrología es muy dudosa y, en mi caso particular, soy absolutamente escéptico de ella, porque no puedo aceptar su determinismo, el que también le es esencial. Pero no existe, en rigor y en un punto específico, mucha diferencia entre la gente común y corriente y los cultores de la astrología, todos desearían interiormente conocer el porvenir, unos gustarían adivinar el futuro inmediato, otros el más mediato, pero todos participan -en mayor o menor medida- de esta necesidad o -al menos- deseo. La causa de fondo sigue siendo la misma que la señalada al comenzar: nuestra parte humana no soporta la incertidumbre, porque ésta le acarrea inseguridad y esta -a su vez- conlleva a estados de angustia y desazón.

Si pudiéramos cambiar la tendencia humana a la certidumbre por la virtud divina de la fe, la cuestión estaría resuelta o casi resuelta. Derogaríamos "el tiempo" absolutamente y viviríamos eternamente, no en un idílico paraíso celestial, sino en este mundo terrenal presente. Sin embargo, todo el trabajo de la cultura antigua y moderna se ha centrado en derogar la virtud divina de la fe y erigir en su lugar el monumento de la certeza humana limitante para combatir la incertidumbre. Por eso creamos relojes y calendarios y otros instrumentos de medición con el cual pretendemos medir (y limitar) logros, objetivos, metas, posibilidades, fracasos, etc. En otras palabras, la fe se ha relegado para el "más allá" y no para las cosas de nuestro mundo terrenal. "No queda nada" bien, "no es científico" tener fe para nuestros asuntos cotidianos ni para las cuestiones mundanas. Esta también fue otra de las razones por las cuales la astrología reclama para sí el título de ciencia, rótulo que, autores como K. R. Popper le niegan, catalogándola de plano como metafísica pura, aunque sin dejar de reconocer su importantísimo rol histórico como precursora de la astronomía. Buscando su "destino" en las estrellas, el hombre -al final- terminó interesándose por estas en cuanto a su estructura física, formación, movimiento, etc.

Sin embargo, estoy convencido que la fe y el amor resolvería todos nuestros problemas mundanos, porque dejaríamos de aplicar soluciones humanas a las dificultades terrenales y pasaríamos a aplicar soluciones divinas, es decir, provenientes de nuestra parte divina o de nuestra divinidad. Pero la mayoría de los creyentes[34], entienden con convicción, que existe un divorcio entre Dios y ellos y ni qué decir de aquellos que no creen en Dios, que sólo creen ser una masa de protoplasma parlante. Si no reconocemos nuestra divinidad, pocas cosas nos diferenciarán de los animales y de los minerales, y cada vez nos pareceremos más a ellos. Nuevamente, ocurre que la fe se relega a los temas del "Cielo" y del "Infierno", como si no tuvieran nada que ver esas entidades con este mundo terrenal.

Me referí antes a la certeza humana limitadora, o también conocida como "ciencia". La ciencia goza de un respeto mucho mayor que la fe "sin pruebas"; sin embargo, a poco de examinar, veremos que la ciencia no es sino otra forma de fe, una fe basada en experimentos, por así simplificarlo; muchas veces creemos

---

[34] Me refiero obviamente solo a los que conozco. No a todos.

"refutar" a otros con el consabido slogan "se ha probado científicamente..." cuando en realidad no sabemos a "ciencia cierta" si se ha probado alguna cosa o no, y -simplemente- nos limitamos a repetir lo que oímos o leímos de otro y que juzgamos verdadero, tan sólo por un acto de fe personal. No hemos comprobado ni probado personalmente la mayoría de las cosas en las que creemos, sólo creemos en ellas porque nos merecen fe o respeto quienes nos las enseñaron. Pocos de nosotros cuestionamos las nociones básicas de la vida que nos dieron nuestros padres en la niñez, simplemente porque ellos gozaban de la imagen de autoridad que les daba su estatus de padres. Era nuestra fe basada en una combinación de temor reverencial, de admiración, de autoridad, de amor incondicional, de todas las cosas que la figura paterna inspira a todo niño indefenso.

Y así, como nuestros padres de la niñez, la ciencia moderna se erige como poseedora de la "ultima" verdad, la verdad definitiva, que exige ser creída "a pies juntillas". Esa actitud de respeto, de admiración, de idolatría que siendo niños sentíamos por nuestros padres no la hemos abandonado en modo absoluto, simplemente la transmitimos, la desplazamos, la proyectamos hacia nuestros maestros; autores favoritos, ídolos, modelos o próceres, según cual fuera la materia en cuestión. Tenemos fe en la ciencia, pero en la ciencia "limitante", es decir, sólo cuando la ciencia es capaz de darnos "certezas".

Nos impacientaría un científico que nos dijera que no está seguro sobre cierto punto atinente a su ciencia. Esto daría otra vez paso a la incertidumbre. No nos gusta eso, queremos una ciencia "segura", "definitiva", "conocida", "acotada" que nos dé las respuestas que necesitamos hoy, ahora. Miramos mal a un científico "inseguro", muchas veces lo tachamos despectiva y ligeramente de "ignorante", como si su "obligación" fuera ser el poseedor de la verdad última y definitiva. Siempre estamos demandado plazos. Pedimos plazos y certezas para todo. Si es al abogado le exigimos que nos diga *cuándo* va a terminar el pleito, si es al médico le exigimos nos diga *cuándo* va a terminar nuestro malestar, al arquitecto le exigimos nos diga *cuándo* va a concluir nuestra casa; al profesor le pedimos nos especifique cuándo va a terminar el curso, *cuándo* vamos a tener el examen, *cuándo* aprobaremos, *cuándo* nos dará las notas, al contador *cuándo* tendrá listos los balances. Y así vamos por la vida pidiendo plazos y términos para todo. Queremos saber, necesitamos saber *todo lo que dura* el tiempo de cada cosa, para, a su vez, limitar cada cosa a su "debido" tiempo. Si no sabemos cuánto tiempo tenemos, nos impacientemos, porque no nos gustan las cosas eternas, indefinidas, infinitas. Eso forma parte de nuestra humanidad, lo finito, lo limitado, lo acotado. En tanto que sus contrarios, lo infinito, lo ilimitado, lo eterno, es lo que forma parte de nuestra divinidad, aquella que hemos olvidado está, en todos nosotros. Esto no significa que sea imposible conocer los pasos de determinados procesos. El científico puede saber casi con certeza absoluta que después del paso A viene el B, luego el C, D....etc. Pero conocer cierto orden causal de un proceso no siempre implica conocer los plazos de los sucesivos eslabones.

La certeza de un tiempo también sirve a los planes políticos. En efecto, los candidatos a ocupar cargos públicos en las más altas esferas de cualquier país, están enormemente interesados en hacerlo y su interés se desdobla en dos partes, por la primera se hallan urgidos de que dicho acceso al poder se produzca lo antes posible, y por la segunda, una vez que han logrado la conquista del poder, su interés se centra en que su estadía en el mismo se prolongue la mayor cantidad de tiempo posible. En el primer caso, buscan la certeza de que el tiempo corra lo más rápido que sea posible, y en el segundo caso, que lo haga cuanto más lento mejor. Sea de una u otra manera, la necesidad del tiempo responde -en el plano político- a la misma búsqueda de certeza. Es decir, lo siempre inmediato que se busca en el tiempo es la

El Tiempo

certeza del plazo, con independencia de cuanto pueda o no durar el hecho esperado, que será mayor o menor en la medida que este suceso sea del agrado o no del agente en cuestión. Como decimos, todos somos conscientes de una realidad donde los eventos positivos conviven junto a los negativos, de tal modo que todos aspiramos a que los primeros se prolonguen la mayor cantidad de tiempo y los segundos a la inversa, la menor. Aquí tenemos, me parece, una clara demostración de cómo -en forma un tanto inconsciente- la gente separa el evento (o suceso) del tiempo, demostrando que son cosas separadas (pese a que, en el común hablar, se refieran a ellas como si fueran una sola). Pero esto está fuertemente condicionado por la formación y educación que hemos recibido en materia del tema "tiempo", ya que solemos aceptar que determinados eventos —ya sean positivos o negativos- tienen una duración predefinida, la cual también nos han convencido es, por completo o en parte, independiente de nuestros deseos y de las acciones que pudiéramos emprender para cambiar esta realidad ; en otros términos, nos estamos refiriendo a lo que en filosofía se conoce como determinismo o –también- fatalismo, en este caso, en el aspecto de la presunta imposibilidad de variar el curso de los acontecimientos. Nos contentamos -en su lugar- con poder adquirir la mayor certeza posible respecto de la duración de tales eventos, resignados, en la mayoría de los casos, frente al hecho de creer que nada podríamos hacer por cambiar el curso de los sucesos. Sin embargo, como ya hubiéramos adelantado, nosotros creemos que esto no es así, en el sentido de que no existe tal supuesta fatalidad ni nada predeterminado, sea suceso o su duración.

En aspectos más frívolos, la certeza se asocia con hechos de suerte como, por ejemplo, en los llamados juegos de azar, como la lotería o la ruleta. No son pocos los que devoran con avidez cuanto material escrito caiga en sus manos con fórmulas que permitan adivinar cuál será el número que saldrá favorecido en el sorteo, o el casillero exacto en el que caerá la bolilla. En la apuesta, la certeza de la ocurrencia del evento es vital al jugador, y mucho más importante, su oportunidad. En una palabra, necesitamos de la certeza para acotar la incertidumbre de lo malo y de lo bueno, aun cuando se crea que la ocurrencia de tales eventos sea inevitable. Pero habremos de insistir que, para nosotros, la certeza no necesariamente ha de ir unida y ni siquiera de la mano a un plazo preestablecido, o quizás más fielmente expresado, abrigamos la convicción de que la certeza de la ocurrencia del evento no necesariamente ha de estar atada a ninguna fecha preestablecida, considerando además que podemos producir hechos que conlleven a la ocurrencia del suceso esperado, e incluso acelerando los pasos para que el hecho suceda o que no ocurra. En suma, ratificamos la existencia del libre albedrio, facultad o don divino que nos da un amplísimo margen de maniobra a nuestras acciones, sea que creamos que estas se desarrollan dentro de un tiempo único, fijo, y uniforme, o dentro de un tiempo particular, privado y subjetivo, postura esta última que es la que suscribimos en este libro. La certeza está en un grado inferior al de la fe, o bien se puede decir que la fe consiste en la certeza de algo o de alguien, por lo cual, convenga entonces hablar distinguiendo una certeza humana y otra extrahumana (que yo llamo directamente, *divina*). Las cosas ocurrirán, o no lo harán, en el momento en que creamos que deben suceder (o no acontecer), no porque –necesariamente- debían suceder o no en ese momento, sino porque estábamos convencidos que debían suceder o no en el momento que inconscientemente habíamos fijado, esta fijación en nuestro inconsciente normalmente se produce en etapas muy tempranas de nuestra vida.

El Tiempo

Capítulo 5. La mitología del tiempo.   97

El tiempo convencional no es más que un sistema de medición. La generalidad de las personas; estamos adiestradas para adaptarnos rápidamente y sin quejas a lo que sostiene la corriente mayoritaria. Existe la convicción de que un año es el lapso que emplea la tierra en su movimiento de traslación. Tomar nuestro planeta como punto de referencia de la mayoría de nuestros actos, pensamientos, ideas, etc. es un resabio del geocentrismo de Ptolomeo y demás acólitos. ¿Qué impediría a alguno (o a todos) usar otro instrumento de medida? Por ejemplo, si midiéramos el tiempo tomando como punto de referencia la traslación de Júpiter en lugar de la de la tierra, el tiempo convencional sería diferente. Júpiter tarda aproximadamente 12 años en dar una vuelta al sol, es decir, un "año" de Júpiter equivale a casi 12 años terrestres. Si adoptáramos un calendario jupiteriano –por ejemplo- nuestras edades jupiterianas serán muy inferiores a las terráqueas. ¿Por qué adoptamos como punto de referencia el movimiento de traslación de la tierra y no el de cualquiera de los restantes planetas del sistema solar? No es por ninguna razón de peso ni -menos aún- científica. Simplemente, adoptamos este sistema de medida por el hecho de que estamos depositados en este planeta y no en ninguno de los otros.

Pero como el tiempo es convencional, nada impide tomar otros puntos de referencia para "medirlo", ya sea el de cualquier otro planeta del sistema solar diferente al de la Tierra, o bien el de cualquier otro cuerpo celeste dentro o fuera del sistema solar. Pero esto sucede, sencillamente, porque tenemos incorporada la idea de tiempo como sinónimo de movimiento o más precisamente de la velocidad con la que ciertos cuerpos se mueven. Somos regidos -en última instancia- por una idea astronómica del tiempo, o sintetizando, puede decirse que al hablar y al pensar sobre el tiempo, al calcularlo, lo hacemos sobre la base de un tiempo astronómico, ya que las unidades que manejamos están basadas en la velocidad del movimiento de cierto tipo de astros, rigurosamente, los más cercanos, los de nuestro sistema solar específicamente, y la razón vuelve a ser -otra vez- de utilidad ; nos resulta más sencillo calcular la velocidad de desplazamiento de los cuerpos que componen nuestro sistema solar. Pero, cuerpos que se mueven y la velocidad de ese desplazamiento no es en exactitud *tiempo*, o si queremos llamarlo así podemos hacerlo, desde luego, pero estamos confundiendo las cosas o asignándole efectos a fenómenos que no los producen. El movimiento de un planeta en torno de una órbita, -o en rededor de sí mismo- o de cualquier astro del espacio, como -por ejemplo- el de la luna alrededor de la Tierra, no puede asimilarse al movimiento del tiempo, por lo que ya dijimos, sólo percibimos objetos desplazándose por el espacio. Hacerlo respecto de la velocidad con la que lo hace (para explicar con ello el "transcurrir" del tiempo) es tan arbitrario como inútil apenas se comprueba que hay cuerpos que se mueven mucho, otros poco y otros nada, y que cuando más cercanamente examinamos sus velocidades advertimos mayores diferencias todavía. Todo lo cual nos lleva, de una manera o de otra, a la teoría de la

El Tiempo

relatividad de Einstein, que no vamos a desarrollar aquí dado el carácter de este ensayo.

Lo que quiero destacar, en definitiva, es que el tiempo no es importante. Es una mera convención. Es el tiempo de otros. Otros, en el pasado nos han impuesto este sistema de medida. Fueron otros los que nos aplicaron sus relojes y calendarios. ¿Por qué los seguimos usando? Por comodidad, costumbre, hábito, o bien para no parecer como excéntricos, raros o locos; para buscar la aprobación social, en una palabra. Yo no veo nada de esto como una *razón de peso* ni un argumento científico para aceptar esas imposiciones, pero otros pueden verlo diferente. Se trata de adaptarnos a unas reglas que son impuestas por un orden cultural muy extendido: la idea de temporalidad no es discutida ni cuestionada (al menos del modo en que se lo hace en este libro, hasta donde podemos advertir). Y ese "orden", es muy antiguo y dicha circunstancia también le otorga un cierto aire de respeto, aunque la razón fundamental -considero- es la que señalábamos al comienzo, proponer medir el tiempo de una manera diferente y aun contraria a lo que se lo viene haciendo ahora, implicaría recibir el rótulo de locos, raros, o epítetos aún peores todavía. Y son pocas las personas que se sienten cómodas difiriendo con los demás en cosas en que los demás ni siquiera se les ocurriría cuestionar como realidades físicas. El tema de esta obra es una de esas cosas, y el objetivo de este libro apunta a señalar o hacer hincapié sobre la irracionalidad de esa aceptabilidad.

Lo preocupante es que mucha gente vive como si el tiempo tuviera existencia real fuera de sus personas. En realidad, parecen no ser conscientes de estar viviendo "el tiempo" de otros, un "tiempo" impuesto, no propio, o mejor dicho adoptado como propio. Claro que nos referimos -meramente- al patrón de medida convencional adoptado, que reputamos útil para que exista cierto orden social y muchas cosas puedan llevarse a cabo organizadamente entre las personas, sobre todo aquellas que están distantes entre sí. Pero aun en este caso, el patrón de medida que se tome no tiene necesariamente por qué coincidir con el llamado tiempo oficial. Por ejemplo, en lugar de convenir quedar en encontrarme con alguien a una hora determinada en un lugar, puedo acordar hacerlo si el cielo se nubla, o si rompe a llover, o si baja la temperatura a una cierta cantidad de grados, o si se produce algún sonido que puedan escuchar ambas personas, como -por ejemplo- una campana, una sirena, timbre, etc. es decir, estos pequeños ejemplos nos dan la idea que podemos acordar actividades con otras personas sin necesidad de usar lo que vulgarmente conocemos como tiempo, sino que podemos hacerlo tomando otros hechos, circunstancias o sucesos. Naturalmente, tan acostumbrados estamos a usar nuestros relojes y almanaques convencionales que todo esto puede sonar bastante extraño, sin embargo, en algunas épocas históricas y lugares geográficos, cuando no todas las personas tenían disponibilidad de relojes o vivían cerca de algún campanario, eran -por cierto- los modos normales de acordar cualquier tipo de actividades. Por supuesto, es mucho más práctico –y menos azaroso- para nuestra época consultar el almanaque primero y el reloj luego, y acordar con alguien una actividad en día y hora determinado, lo que apuntamos a decir aquí, es que es posible hacerlo de muchas otras maneras sin lo que hoy en día conocemos como tiempo. Con todo, la necesidad de medir el tiempo es tan antigua como el hombre mismo.

Desde luego, estas consideraciones sólo son aplicables a lo que se llama tiempo "físico" u "objetivo". Lo que denominamos tiempo "propio" también lo llamamos "subjetivo" en el contexto de este libro. Nada nos obliga a adoptar un sistema de medición temporal terráqueo. Yo puedo decidir que mi sistema de medición privado del tiempo tendrá otros patrones referenciales, como, por ejemplo, el movimiento de Júpiter o de cualquier otro planeta del sistema solar o de cualquier otro cuerpo celeste fuera del sistema solar, o bien sucesos, como los que hemos indicado en los párrafos precedentes. Y de la misma manera, podemos tener calendarios individuales, propios, diferentes al que todos aceptan de uno u otro modo. La relatividad del tiempo -en mi opinión- está dada por esta circunstancia: por su inexistencia física y su pura intuición al decir de I. Kant

También puedo decidir no regir mi contabilidad temporal conforme a patrones astronómicos, incluso, creando pautas de medición propias sin referencias externas sino internas, como podrían ser determinados estados de ánimo, o situaciones de bienestar o malestar, o bien otras variantes. En realidad, toda la temática del tiempo convencional no es más que un juego tonto cuando se lo toma como real. El tiempo convencional adquiere relevancia solamente cuando tenemos que acordar con alguna otra persona cierta actividad[35]. Luego de eso, el tiempo real es el tiempo subjetivo o personal. Este tiempo personal o subjetivo no es lineal, no es uniforme, no se adapta –por sí mismo- a patrones externos al individuo. Es decir, podemos obligarlo a adaptarse a los tiempos oficiales (o sea, al tiempo de otros, calendarios y relojes externos) de la misma manera que podemos entrenarnos en copiar las características de otras personas a las que por una razón u otra tratamos de imitar o parecernos. Este proceso que por observación es seguido por una gran mayoría de personas, es completamente voluntario, aun cuando sea manejado en el ámbito inconsciente y -por lo tanto- en el ámbito consciente se considere involuntario. Sin embargo, la percepción del tiempo -aislado de todo patrón de medición convencional- es claramente diferen-

---

[35] Este tiempo convencional tiene además consecuencias muy negativas, ya que por ejemplo retrasa nuestras metas. En efecto, muchas veces postergamos actividades creyendo que "no es el momento oportuno" para ello. Aun cuando disponemos de todas las herramientas y elementos necesarios como para poder llevar a cabo lo que hemos planeado. El planeamiento mismo es una consecuencia directa de la creencia en un tiempo físico externo al sujeto.

te de sujeto a sujeto; lo que es oportuno hacer para unos, resulta inoportuno para otros en ese mismo instante. Ejemplos pueden darse miles de ellos, pero lo importante es señalar otra sinonimia que adopta la palabra "tiempo", en este caso, con la de "oportunidades" (palabra que también denota un contenido temporal). Como venimos observando, en el fondo, toda la cuestión del tiempo tiene un altísimo contenido semántico y terminológico, tratándose de uno de esos casos donde -con frecuencia- solemos someternos a la tiranía de ciertas palabras que han logrado ganar prestigio y autoridad sobre nosotros. E incluso, en muchos casos, nos dominan por completo.

Existen otros errores frecuentes que pueden encontrarse en escritos que abordan la cuestión del tiempo. Por ejemplo, Rafael González Farfán en el trabajo que hemos citado antes titulado "La cuestión del tiempo", critica la idea de que el tiempo pueda detenerse. Para su crítica, afirma que la detención del tiempo implicaría la desaparición del mundo físico. En una frase de su trabajo afirma "Sin duda, una de las más conocidas *es la identificación del transcurrir del tiempo con la de un río"*.

Esta identificación es completamente incorrecta desde el punto de vista físico. Sin mencionarlo, González Farfán está citando a Heráclito, autor de la supuesta "identificación". Pero a mi modo de ver, Heráclito no se estaba refiriendo al tiempo, sino a la vida, los hechos, las cosas, etc., es decir, a cosas mucho más amplias y profundas que el tiempo. Se podrá decir que la distinción es sutil. Quizá lo sea, pero si la cita de Heráclito del río estaba referida exclusivamente al tiempo, también Heráclito se equivocaba. No existe comparación posible entre un río y el tiempo, o sea, entre un objeto físico y otro metafísico. Los que fluyen son los hechos u objetos. Por "fluir" ha de entenderse movimientos de ondas o partículas[36]. Todo lo demás es metáfora, aunque no se lo diga expresamente. Pero el tiempo no es ni ondas ni partículas, y menos aún es un gas o un líquido. Además, la cita de Heráclito dice que nadie puede bañarse dos veces en el mismo río. Esto es correcto. El río es fluyente, es decir, cambiante, pero lo es, porque podemos percibir sus movimientos, podemos verificarlo y comprobarlo empíricamente. Nada de esto —en cambio- puede hacerse con el tiempo, no podemos afirmar seriamente que el tiempo "fluye" porque es imposible medir con instrumental científico tal hipotético "fluir". Por todo ello, la comparación es errónea por donde se la examine, a nuestro juicio. Lo que fluye en un sentido físico debe tener forzosamente un equivalente físico, esto es, en el estado actual de la ciencia física, ya sean ondas o partículas. Sin embargo, no conocemos las ondas o partículas que compondrían la "materia física" de ese "tiempo" al que se insiste en atribuir una naturaleza "fluyente". Ante ello deberemos pues concluir, que no la tiene, es decir el tiempo (si existiera) no fluye.

Otro párrafo sorprendente del mismo autor es el que sigue: *"aunque ha habido aventurados novelistas que han tratado de imaginar la detención del tiempo, sin llegar a plantearse la paradoja a que esto conduce, pues si tal detención del tiempo sucede sin que el mundo deje de existir, de perdurar, es porque el mundo permanece, y si permanece es que hay "un tiempo que pasa"*. Por tanto, imaginar que el tiempo se detiene y que el mundo continúa existiendo lleva a una contradicción. Como sólo se puede existir en el tiempo, la detención de éste significaría la detención del presente, esto es, la desaparición de todo lo existente. Por tanto, aunque resulta difícil definir "qué cosa es el tiempo", sí podría decirse, al menos, que co-

---

[36] El diccionario es bastante más restrictivo respecto de la definición de fluir: fluir. (Del lat. fluĕre).1. intr. Dicho de un líquido o de un gas: correr. 2. intr. Dicho de una idea o de una palabra: Brotar con facilidad de la mente o de la boca. MORF. conjug. c. construir. Real Academia Española © Todos los derechos reservados

Gabriel Boragina

mo mínimo es aquello por medio de lo cual las cosas persisten en su estar presentes, o dicho de otro modo, que es el modo más simple que ha encontrado la naturaleza para que NO todo suceda de golpe".

No vemos la "paradoja" que indica el autor por ninguna parte. Lo que observamos es que el autor relaciona -sin fundamentar en lo más mínimo- la detención del tiempo con la "desaparición" del mundo físico, articulando un juego de palabras, que, nuevamente, queda sin justificar. Decir "permanecer, perdurar" es darle vida objetiva a vocablos que no son más que una mera convención. "Permanecer" no es un concepto científico, es simplemente una conjugación verbal inventada por el hombre para poder comunicarse con sus semejantes. Si un objeto "permanece", si estoy observando un florero -por ejemplo- de ello no puedo derivar que hay "un tiempo que pasa". Hay un salto lógico y epistemológico entre una proposición y la otra, sin ningún nexo de causalidad entre una y la siguiente. De la misma manera, podría decir que "si las ovejas pastan, hace calor en Nueva York", por ejemplo. No existe ningún vínculo ni nexo causal, ni mediato ni inmediato, entre la proposición "las ovejas pastan" y el "calor de Nueva York". De modo tal, que no vemos por parte alguna, la "contradicción" a la que en forma apodíctica se refiere González Farfán. Por lo demás, también es un juego de palabras hablar de la "detención del presente". La expresión carece de toda significación. Si se quiere decir que el presente es un "transcurrir", para ser lógico, González Farfán tendría que afirmar que el presente no existe o que se extingue instantáneamente y que el tiempo sólo se divide entre pasado y futuro. Esto es tan arbitrario como afirmar que el presente "trascurre". "Perdurar, permanecer, etc." son meras palabras, sola terminología creada para convencionalmente darle existencia a un ente mítico tal como el tiempo y para acordar ciertas actividades entre las personas que deben llevarse a cabo en forma sincronizada simplemente para que lleguen a su fin y puedan realizarse; tales como operaciones mercantiles o bien una cita de amor con la persona amada, en lugar y horario (precisamente) a convenir. De la misma manera y siguiendo su propia línea de razonamiento, podemos replicar a González Farfán que si el mundo "permanece" no es porque hay un tiempo "que pasa" sino que "permanece" justamente porque la idea de permanecer indica que no hay movimiento, ni pasaje de pasado a futuro. Lo que no tiene en cuenta González Farfán es que, con su mismo criterio, puede sostenerse que el presente para serlo, ha de ser eterno. El autor del artículo no juega con la idea de un presente permanente, arbitrariamente introduce la idea de un presente fluyente que transcurre, y no justifica dicha afirmación, la que además es contradictoria, ya que si el presente transcurre ¿hacia dónde lo haría? Supuestamente en la idea popular hacia el futuro, con lo cual debería dejar de ser presente. Para que el presente siguiera siendo presente por definición no debería fluir hacia ninguna parte, debería quedarse donde está. El problema con autores como González Farfán, y -en general- con todas las personas que incursionan en este tema, ya sea científica o vulgarmente, es que siguen confundiendo **tiempo** con **movimiento**, es decir siguen asignando al tiempo existencia física, hablan de "algo" que llaman "tiempo" como si este se "moviera", como si fuera un cuerpo que se desplaza, porque *fluir, pasar,* son palabras que claramente denotan movimiento y esta connotación es innegable (excepto que se esté utilizando alguna metáfora que no se llega a explicar ni a justificar). Para nosotros, carece de sentido ese tipo de especulaciones, porque no son más que juegos semánticos que complementan el juego matemático de pretender "medir" el tiempo mediante números que –finalmente- se trasladan a relojes y calendarios.

Es falso, además –a mi juicio- que "sólo" se pueda "existir en el tiempo". Afirmar esto es dar por sentado lo que se debe demostrar, es decir, es una petición de principio. El autor de la cita parte de la base de la existencia del tiempo, sin ensayar siquiera ninguna demostración que avale su afirmación, ya que el mero hecho de sostener que detener el tiempo implicaría la desaparición del mundo físico no puede ser calificada de demostración alguna. Por el contrario, si meditamos la frase, advertimos su absurdo en forma manifiesta. Diferente hubiera sido que el autor citado afirmara, por ejemplo, que la detención del movimiento de la tierra implicaría el fin de la vida. Ello es más razonable y más aceptable en un escrito que pretende ser científico. El tiempo es una convención social[37] para medir movimientos de objetos, por ejemplo, los objetos celestes, tales como la tierra, el sol, la luna, por mencionar los más cercanos. Sería más coherente afirmar que si el movimiento de rotación y traslación de la tierra se detuviera, es bastante probable que la vida desapareciera de su faz. Pero esto nada tiene que ver con el tiempo, y si tiene que ver con factores físico-químicos que siguen estando relacionados con el movimiento de los cuerpos, donde tales factores intervienen o contribuyen a influir. Pero por otra parte ¿de dónde proviene la asimilación o utilización como sinónimos de las palabras "detener" y "desaparecer" que usa dicho autor? Detener y desaparecer no son sinónimos, ni siquiera uno se deriva del otro; son conceptos muy diferentes: no todo lo que se detiene –por ello- desaparece, así, sin más; si yo voy caminando por la calle y de repente me detengo, no "desaparezco" por ello. Sigo allí, sólo que detenido ¿qué relación encuentra el autor citado entre una cosa y la otra?

---

[37] Decir que es una convención social implica afirmar a la vez que dicha convención fue adoptada por el mundo científico por ser útil para sus investigaciones. Muchos experimentos de las ciencias naturales sólo pueden realizarse si existe alguna manera de medir el tiempo. Como forma de verificar y controlar los resultados. La estadística científica sería imposible si no existiera un patrón de medida tales como relojes y calendarios. Ahora bien, ello no empaña la tesis central de este trabajo: el tiempo objetivo no existe.

El Tiempo

Podemos replicarle entonces a González Farfán, que la detención del presente se llama eternidad, lo que es exactamente opuesto a lo que menciona como "desaparición" del mundo físico; lo eterno no desaparece –precisamente- por su calidad de eterno. Postulo que puede vivirse en la eternidad, y no me estoy refiriendo a los ángeles, ni al cielo de las religiones. Me estoy refiriendo al mundo donde estamos parados. Si el autor citado me contesta que la eternidad[38] no existe, yo puedo contra replicarle que lo que no existe es el tiempo. Que me demuestre entonces la existencia del tiempo primero y luego discutiremos si existe la eternidad o no. Lo que llamamos "presente" puede ser el "tiempo" mismo, que dividimos en partes o sectores imaginarios, de los cuales hablamos de *presente* en sentido estricto a lo que sucede ahora en este preciso momento. Pero, este no es más que otro uso de los términos, en el caso, poco convencional. Generalmente, la detención del presente -para casi todo el mundo- significaría el inicio del futuro, lo cual es otro absurdo, ya que habría que ponernos de acuerdo cuando "termina" el presente y cuando "comienza" el futuro. Como se advierte, toda la terminología empleada e inventada por el vulgo y la ciencia para hablar del "tiempo" es completamente ambigua, oscura y arbitraria. De donde se deduce que todo el mundo habla de algo que no tiene idea exacta ni remota de qué cosa puede ser.

Estos errores de González Farfán no hacen más que confirmar los prejuicios que animan a la gente con relación a la *divinización* del tiempo. Este autor da por sentado la existencia de "algo" llamado "tiempo", cuando lo que tendría que haber demos-

---

[38] Lo eterno se define como: eterno, na. (Del lat. aeternus). 1. adj. Que no tiene principio ni fin. 2. adj. Que se repite con excesiva frecuencia. Ya están con sus eternas disputas. 3. adj. coloq. Que se prolonga muchísimo o excesivamente. 4. m. Rel. Padre Eterno. ORTOGR. Escr. con may. inicial. Real Academia Española © Todos los derechos reservados

trado -como paso previo- es que existe "algo" llamado "tiempo". Pero, además, no se sigue de manera alguna, que la detención del presente implique la desaparición de todo lo existente, no existe nexo de causalidad ninguno entre una proposición y la otra, porque no existe sinonimia alguna entre *detener* y *desparecer*, habida cuenta que detener se relaciona con un movimiento, sólo puede *detenerse* algo que se mueve, en tanto que *desaparecer* implica destrucción física de una cosa. Y no todo lo que se mueve, al detenerse se destruye. Es más, casi nunca sucede esto. Excepto que se sostenga -tal como implícitamente lo hace casi todo el mundo- que el tiempo tenga existencia física, cosa que aquí nosotros negamos de plano. Obsérvese que más adelante en el artículo, termina reconociendo que la cuestión de la naturaleza del tiempo (que es lo que examinamos en este ensayo) no tiene para la física importancia alguna. Felizmente, admite que *"Con todo, esto no puede tomarse como una definición de tiempo, ni mucho menos."*

La admisión de la que hablamos antes, está en este párrafo de Rafael González Farfán: *"De todos modos, la física no se interesa por todas las preguntas de este estilo que se puedan formular; sólo por aquellas que puede abordar con sus competencias y "su método". Así, los físicos no tratan de resolver directamente la delicada cuestión de la naturaleza del tiempo, o al menos, si lo hacen, es sólo al margen de sus teorías. Más bien, lo que buscan es el mejor modo de representar el tiempo, que no es lo mismo. Estas cuestiones han venido interesando a la Humanidad desde la época de Parménides y los eléatas, pasando por Heráclito y los atomistas hasta nuestros días."*

Es decir, que los físicos no están interesados, en realidad, en saber lo que es el tiempo. Ni siquiera les interesa conocer si el tiempo existe de verdad, si hay tal cosa como algo llamado "tiempo". No tienen los métodos para ello, como se reconoce en el texto. Tampoco está dentro de sus competencias. Esta confesión es altamente significativa y corrobora[39] todo lo que venimos diciendo en este ensayo: escapa a la capacidad de la ciencia determinar lo que el tiempo es, o pudiera ser. Excede a sus posibilidades y -por tal motivo- la ciencia se limita a resolver otros aspectos de lo que se denomina "tiempo". Como dice la cita transcrita, busca su representación. Es como buscar la representación del alma, de la conciencia o del espíritu. Ante la imposibilidad confesa de la ciencia de poder definir al tiempo, se contenta con intentar su representación. Lo que equivale a decir, tratar de pintar un "retrato" del tiempo. Esto no tiene nada de objetable, pero desde mi particular punto de vista no se trata más que de un entretenimiento inútil. No es reprochable en absoluto que los científicos encuentren diversión en este tipo de cosas. Ahora bien, desde un punto de vista eminentemente práctico para la vida humana, el buscar como "representar" algo que se tiene en la mente no incorpora utilidad alguna, excepto plástica, poética, literaria o artística, por supuesto. El resto del artículo que examinamos se limita a comentar las diferentes formas de representar el tiempo –tal como había anunciado su autor que lo haría- al que echaron mano los científicos. Nuevamente, ponemos de relieve que la lectura del artículo en comentario es interesante como compendio de especulaciones sobre algo inobservable, inasible e incorpóreo tal como el tiempo. Señalemos al pasar algunas de las arbitrariedades a que conducen tales especulaciones. Dada la imposibilidad de observar y experimentar con "el tiempo" debido a que no existen ni partículas ni ondas del tiempo, se ha inventado para reemplazar la ausencia de partículas y ondas del tiempo, la palabra "instante". El "instante" vendría a ser un mal equivalente de las partículas y ondas del mundo físico. Y decimos mal equivalente ya que, como venimos afirmando, en tanto las partículas y ondas son manipulables en el laboratorio, los instantes no son ni visibles

---

[39] Y a la vez destruye las especulaciones de González Farfán antes criticadas.

ni tienen entidad física. No hay –tampoco- tal cosa como el átomo o la molécula del "instante". En este contexto, la palabra "instante" podría equivaler a "conciencia, espíritu, alma, congoja, etc.". En otros términos, resulta claro qué; se trata de una arbitrariedad, una mera convención que posiblemente deje satisfechos a los científicos -hombres tan "prácticos" ellos-, pero que de ninguna manera resulta una respuesta válida para la filosofía y el resto de las disciplinas afines. Las palabras que empleamos para designar o referirnos a fenómenos temporales son todas meras abstracciones, entelequias, fórmulas etéreas que carecen de rigor científico en el sentido físico-químico del término, y asignar una realidad física a dichas palabras representa una arbitrariedad que sólo puede tener valor para aquel que recurre al empleo de tal terminología creyendo que se refiere a elementos del mundo físico-químico. Ciertamente no pretende ser nuestro caso.

La ciencia, según lo que venimos comentando, caería de este modo en una contradicción metafísica, a saber: por un lado, admite no poder conocer la naturaleza del tiempo, por lo que ha de conformarse solamente con intentar su "representación", pero por el otro lado, al intentar esto último, está implícitamente aceptando la existencia de "algo" que –contradictoriamente- confiesa no poder conocer, porque sólo se puede tratar de representar lo que existe, no lo que no existe. En última instancia y pese a todos los artilugios utilizados por la ciencia en este punto, la mejor forma de representar el tiempo que se ha hallado no ha sido otra que la popularmente ancestral: el empleo de relojes y calendarios. Y tan buena ha resultado esta forma de representación del tiempo que casi todo el mundo está plenamente convencido que relojes y calendarios SON en precisión el tiempo mismo. Sin embargo, no se puede dejar escapar una crítica mayor a este trabajo de Rafael González Farfán. El llamar tiempo "físico" al tiempo objetivo. Esto es notable en el párrafo que de él copiamos:

El Tiempo

"La física NO consigue explicar la relación entre el tiempo físico y el tiempo psicológico (el tiempo de los relojes y el tiempo de la conciencia)."

Lo que el autor citado llama tiempo "psicológico" es lo que nosotros denominamos tiempo *subjetivo*. Nos parece más apropiada la designación tiempo *subjetivo* que tiempo "psicológico", porque no creemos que el tiempo "psicológico" sólo sea un tiempo presente en la psiquis, o si bien está presente en la psiquis, es el tiempo que controla todo nuestro existir, no sólo el psíquico sino el orgánico también. Como tal y, además, por ser único para cada individuo, prefiero la denominación de tiempo subjetivo, que me parece más específica. Pero no hay mayores objeciones a llamarlo tiempo psicológico si -al hacerlo- tenemos en cuenta esta aclaración precedente.

Dice, además, González Farfán: *"Tales tiempos parecen tener vínculos que los unen, pero poseen propiedades diferentes, y a veces hasta contrarias. De entrada, sus estructuras difieren: el tiempo físico transcurre idéntico a sí mismo, el subjetivo en cambio sucede con ritmos diferentes y con discontinuidades. El tiempo físico (concentrado siempre en el presente) separa el infinito del pasado del infinito del futuro, mientras que el psicológico mezcla dentro del presente un poco de pasado reciente y un poco de futuro próximo. En el tiempo físico, los instantes sucesivos nunca, existen juntos; el psicológico elabora dentro del presente una especie de coexistencia entre el pasado inmediato y el futuro inminente. El psicológico une lo que el físico separa continuamente, conserva lo que el físico se lleva, incluye lo que el físico excluye, manteniendo lo que el otro elimina"*

Lo que no me resulta aceptable, por lo ya dicho antes, es diferenciar el tiempo psicológico o subjetivo del tiempo "físico". El tiempo "físico" da la idea de un tiempo observable y susceptible de ser analizado en el laboratorio bajo microscopio o bajo cualquier otro instrumento científico de verificación. Pero ya sabemos que el tiempo no es susceptible de ser separado y estudiado en el laboratorio. No puede aislarse ninguna "partícula" del tiempo y ser observada con instrumental científico. Ante tal incapacidad, que curiosamente el autor citado comenzó admitiendo al afirmar la imposibilidad de la ciencia de determinar la naturaleza y esencia del tiempo, hemos inventado relojes y calendarios que, lejos de estudiar al tiempo en sí mismo[40], sólo procuran representarlo y medirlo. Más comúnmente, medirlo con los fines que hemos indicado en este libro. Por todo ello, hablar del tiempo "físico" induce a confusión, ya que en el mundo físico no podemos encontrar al tiempo por mucho que lo busquemos.

No hay objeciones, en cambio, a las "diferencias" que traza el artículo entre el tiempo -mal llamado "físico"- y el tiempo subjetivo, que el autor denomina "psicológico". Admitimos en este trabajo que se tratan de tiempos diferentes[41] y agregamos que, en tanto el tiempo que mal se llama "físico" no es más que una mera convención, el tiempo subjetivo es, por el contrario, pura realidad, y va más allá, como dejamos dicho, de lo meramente psicológico. La descripción del párrafo trascripto —en cuanto a las diferencias entre ambos "tiempos"—es exacta en los puntos que señala, pero sería más exacta aun, a nuestro juicio, si en lugar de hablar del "tiempo físico" se lo llamara tiempo imaginario o convencional. Es que, tanto lo que se mal llama "tiempo físico" como el tiempo "psicológico" son ambos productos de la mente. Esto fue admitido al comienzo del artículo que comentamos, pero a medida que avanzamos en la lectura, pareciera que el autor retomara la postura científica materialista por la cual el "tiempo físico" sería un tiempo "objetivo", es decir, externo al sujeto, material, verificable y experimentable en el laboratorio. Nosotros

---

[40] Ni tampoco lo explican, desde luego.
[41] Como el tiempo solo es un concepto, ambos en rigor son mentales o psicológicos

no estamos de acuerdo con tal hipótesis y creemos que usar esa terminología confunde en lugar de aclarar.

Es fácil caer, como caemos a diario, en la fantasía de creer que existe un "tiempo" fuera de nosotros, o más allá de nosotros, que es (o sería, mejor dicho) el mismo para todo el mundo. Hablar de "tiempo físico" refuerza este tipo de errores. El llamado en ese artículo "tiempo psicológico" es el tiempo subjetivo de cada persona. Verificable y comprobable por mera introspección. Y lo que el autor citado llama "tiempo físico" no es más que un tiempo imaginario, el tiempo sobre el cual los físicos hacen especulaciones y del cual, conforme el mismo texto confiesa, buscan meramente su representación[42]. Aceptar que los físicos especulan y solamente tratan de representar al tiempo (como comenzó admitiendo el artículo comentado) es, de alguna manera, reconocer lo que llevamos dicho. Significa dar por bueno que el tiempo mal llamado "físico" es meramente un tiempo imaginario, producto de la mente, nacido por pura necesidad humana y -por lo tanto- carente de existencia externa. Lo que no existe en el mundo físico no puede recibir el nombre de "físico". Por eso el "tiempo físico", no existe como "físico", y por lógica derivación, tampoco existe como tiempo. En resumidas cuentas, toda la noción de tiempo puede resumirse a una mera convención mental, todo tiempo sería -en última instancia (inclusive el llamado "físico")- una simple construcción imaginaria, psicológica, producto de nuestra sensibilidad, lo que de alguna manera pareciera coincidir con lo que I. Kant escribió sobre él. Y toda la mayor representación que de este fenómeno mental hemos podido conseguir no ha sido otra que la de plasmarlo en relojes y calendarios, diferentes aun entre sí, sí estudiamos la historia de estos dos instrumentos; en efecto, los relojes y calendarios han variado en las épocas

---

[42] En suma, todo "tiempo" es conceptual y por ende, mental.

conforme las civilizaciones y los lugares donde se asentaron. Tenemos así calendarios mayas, egipcios, aztecas, chinos, hebreos, hindúes, es decir hay calendarios propios de pueblos, razas y civilizaciones, tanto como de religiones y países. Es verdad que se hacen intentos por compatibilizar estos calendarios y buscar sus equivalencias, pero estos mismos intentos demuestran en toda su plenitud la tesis sostenida en este libro, la de la existencia de una simple convención mental en cuanto a algo que sólo se coincide en llamar o denominar con la palabra "tiempo".

Si los físicos y científicos -en general-, quisieran "investigar" alguna vez al tiempo en lugar de representarlo, se encontrarían con que ello es imposible. Y por tal motivo ya ni siquiera lo intentan. Es absolutamente absurdo estudiar científicamente lo inexistente, inasible e imperceptible a los sentidos. El mal llamado tiempo "físico" sólo es "real" para aquel que crea en su "realidad". Y en esto, podemos encontrar a una mayoría de personas. Desde luego, las cosas, las ideas, los conceptos, no cobran materialidad para todo el mundo simplemente porque se crea en ellos. Sólo cobran materialidad para el que desea creer en dicha materialidad. Así, mucha gente cree de verdad que el tiempo no sólo "existe" sino que tiene "movimiento", que "transcurre", que "pasa", como quien ve pasar un tren por delante. Es como que literalmente "ven" pasar el tiempo. Para que exista un tiempo objetivo es necesario un sujeto que lo objetivice, o, dicho de otra manera, se requiere un sujeto que perciba un concepto como objetivo. En el terreno religioso –para ilustrar esta idea- para un fervoroso creyente, Dios no sólo será una palabra, ni siquiera un concepto o una mera idea, será algo objetivo, de existencia concreta. En el terreno político, muchas personas percibirán al ente Estado como una realidad material. Estos símbolos mentales podrán estar representados en diferentes objetos físicos o corpóreos. De la misma manera, el común de la gente "ve" literalmente el tiempo en relojes y calendarios, y cuando habla del tiempo lo hace pensando en tales instrumentos físicos y mecánicos (relojes y calendarios). Si para ellos "ese" es el "tiempo real", así lo será y "su tiempo" será ese mismo.

Gabriel Boragina

Capítulo 6. Los sucesos.

Muchas de las confusiones en torno al tema surgen de la ligereza con la que usamos las palabras, los diferentes significados que le damos, y aun los significados similares con los que usamos diferentes vocablos.

Veamos -por ejemplo- una definición de diccionario de la palabra "suceso":

suceso
(lat. successu)

m. Cosa que sucede, esp. si es de alguna importancia.

2 Transcurso del tiempo.

3 ant. Éxito, resultado de un negocio.

4 Hecho delictivo o accidente desgraciado.

SIN. 1 v. Acontecimiento.

Las cuatro connotaciones que le da el diccionario al vocablo son completamente diferentes y designan cosas distintas. Por la primera, un suceso es "una cosa", por la segunda es "un devenir", en tanto que para la tercera y cuarta es "un hecho". Por mayoría, podríamos decir –entonces- que un suceso es un hecho, *algo que pasa, algo que ocurre.* Reputamos incorrecto; asimilar un suceso al transcurso del tiempo como se le entiende ordinariamente. Lo mucho que se puede decir al respecto es que un suceso puede estar **dentro** del transcurso del tiempo. Pero identificarlos así sin más, pese a que es común, no es correcto porque es confuso. Sin embargo, la cuestión de su corrección no es algo que afecte demasiado a la estructura de nuestra tesis. Como cosa que sucede; veamos las acepciones del verbo "suceder":

suceder.

(Del lat. *succedĕre*).

El Tiempo

1. intr. Dicho de una persona o de una cosa: Entrar en lugar de otra o seguirse a ella.
2. intr. Entrar como heredero o legatario en la posesión de los bienes de un difunto.
3. intr. Descender, proceder, provenir.
4. intr. Efectuarse un hecho, ocurrir.
MORF. U. sólo en 3.ª pers.
Real Academia Española © Todos los derechos reservados

Nuevamente, predomina el suceso como un hecho y se pierde su sinonimia como = a "transcurso del tiempo". Si bien nos han acostumbrado a pensar que los hechos o sucesos sólo pueden producirse en el tiempo (o *dentro* del tiempo, mejor dicho), nosotros afirmamos que ello puede ser posible[43], pero que hay sucesos que pueden verificarse fuera del tiempo. Dado que el tiempo es una categoría mental, los sucesos pueden producirse dentro o fuera de dicha categoría. En definitiva, nuestra tesis es que los sucesos (entendidos como hechos) son independientes del tiempo, es decir pueden ir unidos o no al tiempo, y no -como se sostiene de ordinario-, que siempre van unidos. Pueden producirse dentro del tiempo o fuera del tiempo,

---

[43] Para los que creen en el tiempo.

entendiendo por este último, el que venimos llamando tiempo "físico" u "objetivo", en tanto todo suceso se da siempre dentro de un tiempo subjetivo (que difiere -eso sí- de sujeto a sujeto).

Desde luego, no hay ninguna objeción que hagamos en cuanto a utilizar como sinónimos los vocablos *suceso* y *tiempo*. Desde el momento que nuestra tesis de fondo indica que todo suceso que se verifica en nuestro entorno, es producto de un hecho psíquico, y considerando, que una de las tesis de este libro, es que el tiempo, como concepto, reconoce un origen psíquico análogo, se desprende de todo ello, que todo lo que en lo que sigue digamos con relación al tiempo, se aplicaría –asimismo- respecto de los sucesos en forma indistinta. También consideramos que tenemos completo control sobre los sucesos, en cuanto a agentes de esos sucesos (o bien podríamos tenerlo). Creemos que es más útil y más preciso reducir los sucesos a la categoría de hechos y no entrar a confundirlos con "el tiempo" ni con el "transcurso" del mismo, como de manera simplista se lo hace. Pero esto sólo lo decimos para visualizar mejor lo que pretendemos explicarle al lector, y no tratando de establecer una categoría especial, y menos aún, procurar que esto constituya asimismo una teoría original. Como individuos tenemos una percepción limitada de los sucesos que se dan en torno nuestro y ninguna percepción tenemos de sucesos que se dan fuera de nuestro radio de percepción sensible. Puedo enterarme –por ejemplo- que en este momento hay un temblor sísmico en algún lugar del planeta, pero al enterarme –necesariamente- lo hago no por percepción directa (ya que no estoy allí cuando eso sucede) sino indirecta, generalmente, por información de un tercero (como podría ser un noticiero o boletín informativo). Al ser externa mi fuente de conocimiento no puedo tener certeza de cuando realmente ocurrió el hecho del que da cuenta la fuente, excepto dando plena fe a esta. Ahora bien, podría ocurrir que la fuente mienta y no hubo tal sismo, pero esta es otra cuestión. A los fines de nuestro tema -de momento- supondremos que la noticia es veraz.

Una de las sugerencias de este libro consiste en la utilización de métodos alternativos a los relojes y calendarios tradicionales como sistemas de medición del tiempo, de ese tiempo que aquí llamamos físico u objetivo y que -ya adelantamos- para nosotros es inexistente como tal. El tiempo real de vida de una persona –por ejemplo- estaría determinado (o podría estarlo si se quiere) por la cantidad de sucesos que dicho individuo experimente. Los sucesos no están relacionados ni limitados por los parámetros de medición del tiempo oficial (parámetros que se hacen llamar "objetivos"). Si se desea tener una "medición" del tiempo "real" habría que buscar una unidad de medida para los sucesos. De todas maneras, los sucesos son individuales y se nos presentaría el problema de limitar la duración de un suceso. El problema básico sigue siendo que las personas buscamos afanosamente unidades de medida para todo tipo de fenómenos observados y observables. Esta manía se extiende a otros campos como -por ejemplo- el de la estética, donde se buscan unidades de medida para valores de apreciación subjetiva tales como la belleza, la elegancia, las buenas maneras, etc. Desde mi punto de vista, es objetivamente imposible establecer la unidad de medida de un suceso, es decir, limitar al suceso a un espacio temporal objetivo. Los sucesos son únicos e individuales. Es muy dificultoso para un observador externo –en realidad es prácticamente imposible- precisar cuando comienza y termina un específico suceso en un individuo determinado, por ejemplo, la alegría de otra persona. Aún es complicado precisarlo en su caso particular. Sin embargo, el tiempo subjetivo se aproxima mucho más –si es que queremos definirlo- a una cantidad determinada de sucesos que, a otra cantidad determinada de horas, minutos, segundos o bien días, meses y años. A los efectos de lo que queremos tratar en este libro, utilizaremos en forma indistinta, los conceptos de tiempo subjetivo y suceso, que se asemeja más propiamente a lo que aspiramos trasmitirle al lector, en tanto que cuando usemos estas palabras en un sentido diferente al que aquí le damos, se lo estaremos advirtiendo al lector a fin de evitarle equívocos. Por lo pronto adelantemos que es tarea un tanto estéril procurar delimitar la duración de un suceso, porque en el fondo tenemos la antedicha limitación de nuestras percepciones, de la ambigüedad de nuestro lenguaje, y de la definición de los diccionarios (sumadas a las que la gente da de continuo sobre casi todas las palabras que usa) que nunca serán del todo satisfactorias para todo el mundo.

1.1. Estados y sucesos.

A nuestros fines, supondremos de manera provisoria que los estados están compuestos o generados por sucesos, en otros términos, a los efectos de lo que diremos seguidamente, partiremos del supuesto (que –por cierto- no es un aserto determinante) que un estado está compuesto por un número X de sucesos, o, en otras palabras, que el estado es el género y el suceso es la parte que forma parte de ese género. Reiteramos que lo hacemos con plena conciencia de estar utilizando un criterio arbitrario y sólo lo ensayamos como ejercicio didáctico.

El diccionario define *estado* como: "m. Situación en que está una persona o cosa, esp. cada uno de los sucesivos modos de ser de una persona o cosa sujeta a cambios que influyen en su condición: ~ de salud; ~ de gracia, de pecado; los estados físicos: sólido, líquido, gaseoso; ~ de guerra o de sitio, el de una población o territorio en tiempo de guerra cuando la autoridad civil resigna sus funciones en la autoridad militar; el que según la ley se equipara al anterior por motivos de orden público, aun sin guerra; ~ *de excepción,* el de una población o territorio cuando, por una situación de especial gravedad, suspende algunas libertades constitucionales." Como se ve, es una definición más de tipo político, y como casi todas las definiciones del diccionario, bastante endeble y limitada.

Si bien los sucesos parecen únicos e irreversibles, los estados no lo parecen, aunque los estados pueden están configurados por nuevos sucesos. La sucesión de modos puede llevarnos de un estado a otro, tanto de ida como de regreso. Siendo los sucesos diferentes para idénticos estados, podría, en última instancia, postularse que los estados también serían diferentes, pero en líneas generales esto no tiene demasiada importancia. El verdadero problema surge cuando se pretende delimitar un suceso o estado, es decir, establecer su "duración real", como explicamos en este libro hay dos formas de hacer esto, saber: la primera forma es la típica o convencional, aplicando nuestros relojes y calendarios, lo que –con todo- no resuelve el problema de la delimitación porque la dificultad residirá en ponerse de acuerdo sobre el comienzo y fin de un fenómeno (sea un acto, un hecho, etc.). Por ejemplo, suele tomarse popularmente como el comienzo de la revolución francesa, la famosa toma de la Bastilla, pero ¿podemos afirmar con certeza que en ese suceso tuvo comienzo la revolución francesa? Mi respuesta es negativa, porque me parece más razonable considerar que la toma de la Bastilla, fue la culminación de un proceso (lento o rápido, según quien lo considere) que desembocó en el asalto a la famosa fortaleza. A partir de allí, los hechos que se sucedieron no fueron más que efectos de algo que se había generado mucho antes, y que históricamente fue simbolizado con un acto físico concreto como el que señalamos. Pero este hecho físico concreto -en realidad- resulta un mero dato anecdótico en una investigación sobre la naturaleza del tiempo. Los historiadores no se pondrían fácilmente de acuerdo si se les

El Tiempo

exigiera con extrema riguridad que establezcan en forma exacta el comienzo y final de dicha revolución. Sin entrar a analizar que -además- habría disputas en cuanto a otros detalles como si tal o cual acto puede considerarse formando parte de dicha revolución o ajeno a ella. El descuerdo sería muchísimo más grande si los historiadores tuvieran que manejarse con calendarios diferentes. Suponiendo –imaginariamente- que dos historiadores, uno que se rige por el calendario maya y otro que lo hace por el calendario hebreo, quisieran ponerse de acuerdo entre que fechas se sucedieron dichos hechos, sería absolutamente imposible, excepto que establecieran una equivalencia entre ambos calendarios que sería –nuevamente- el producto de una decisión, de un acuerdo, una convención y no de algo existente físicamente por fuera ni por encima de ellos, como esa entelequia que denominamos "tiempo". Todo lo cual demuestra una vez más –a nuestro humilde juicio- el carácter subjetivo del tiempo como una mera categoría mental, que adquiere algún sentido útil cuando puede y debe ser objeto de convección con una o más personas para el logro de un fin.

A decir verdad, la cuestión de la **reversibilidad** e **irreversibilidad**, o, dicho de otra manera, de la unicidad o la no-unicidad de los sucesos -o en su caso- del tiempo, en el supuesto en que se desee insistir en la sinonimia entre ambos términos, es un asunto que no puede determinarse con ninguna clase de certeza.

Por ejemplo, los sucesos que llevan de un estado de felicidad a otro de infelicidad pueden diferir en grado y aun en especie, de aquellos otros sucesos que nos retrotraen de ese estado de infelicidad, de nuevo hacia otro estado de felicidad. Podríamos decir que el estado originario de felicidad (al que podemos denominar estado de felicidad 1) es diferente al estado de felicidad que cabría llamar "2". Pero a los efectos prácticos, lo verdaderamente importante es que el sujeto en cuestión pudo volver a ser feliz, y no resulta demasiado relevante si en el momento 2 es más feliz que en el momento 1 o a la inversa. Lo mismo cabría afirmar si sucesos diferentes vuelven a llevarlo de la felicidad a la infelicidad. En otras palabras, fuimos felices (o infelices) antes y podemos volver a serlo ahora. No tiene mucha importancia saber en cuál de todos los momentos posibles fuimos más o menos felices. Lo relevante es que podemos ir y volver de un estado a otro, aunque sea a través de sucesos diferentes o a pesar de que los sucesos sean diferentes. Cuando una persona se siente exactamente como se sentía en una época anterior (siempre según los calendarios convencionales) o cree sentirse así, es factible suponer que su cuerpo y su mente se han retrotraído a ese momento anterior, si bien también es posible suponer que ese momento ha vuelto a la persona; en el primer caso hay un regreso físico a un momento anterior al presente, es decir lo que en lenguaje convencional se llamaría un regreso al pasado. En el segundo caso, no es la persona la que regresa a ese momento anterior, sino el momento el que vuelve a la persona. Los hechos anteriores se reproducen actualmente en esa persona y esta los percibe tal y como recuerda haberlos percibido antes. En el primer caso, la persona se desplaza hacia el pasado, en el segundo el pasado se desplaza hacia el presente en busca de esa persona. Todo esto –claro está– son fenómenos subjetivos, reales, provocados por la persona en cuestión, y no tiene demasiada importancia averiguar qué es lo que sucede realmente, es decir, si es la persona la que viaja al pasado o es pasado el que regresa a la persona. Lo relevante es que hay personas que experimentan esto –por ejemplo, el autor- y revelan -a nuestro juicio- un fluir de sucesos (que a veces denominamos con la palabra *tiempo*) que sumados -y en determinadas situaciones- configuran estados que pueden actualizarse y, de hecho, se actualizan.

Podemos trazar un paralelismo, con la teoría de Ludwig von Mises respecto de la praxeología que diferencia la acción, del contenido de la acción. Según von Mises, la acción siempre consiste en pasar de un estado de menor satisfacción a otro de satisfacción mayor, en tanto que el contenido de la acción difiere de sujeto en sujeto. Es decir, que los medios elegidos por el sujeto para verificar ese pasaje van a ser disímiles, variando el sujeto actor o aun en el mismo sujeto en diferentes momentos. Lo constante sería aquí *el fin* u *objetivo* (pasar de un estado menos satisfactorio a otro más satisfactorio). La ponderación acerca de en qué estado obtuvimos mayor satisfacción solamente puede ser subjetiva. Sólo el sujeto actor puede comparar dos estados pasados de satisfacción para determinar cuál fue más satisfactorio que el anterior. Incluso cabe la acción para regresar (o hacer el intento) a un estado de mayor satisfacción, una vez hecha la comparación mencionada. En dicha acción, podemos utilizar los mismos medios empleados con los cuales arribamos al precedente mayor estado satisfactorio, o bien medios diferentes, quizás mejorados. Sin que Ludwig von Mises pudiera estar hipotéticamente de acuerdo con nuestras conclusiones –ya que por algunos pasajes de sus obras pareciera que era un determinista físico y nosotros no lo somos- podemos, como dijimos, usar su praxeología para explicar nuestro punto.

Si los sucesos son físicamente únicos[44] –y, por ende- irreversibles sólo podemos echar mano a nuevos sucesos que, parecidos a los sucesos precedentes, nos lleven al estado deseado. Si, en cambio, los sucesos no son únicos, podríamos volver a emplearlos para alcanzar los estados deseados. Usamos el vocablo *reversible* en la acepción clásica que le da el diccionario, es decir "adj. Que puede volver a un estado o condición anterior." De acuerdo con lo dicho, todos los estados son reversibles. En nuestro ejemplo, un mismo sujeto puede pasar de un estado de felici-

---

[44] Lo que no nos consta.

dad a otro de infelicidad y de este regresar a aquel primitivo estado de felicidad. Como hemos aclarado, para los que sostienen la unicidad de los estados, la ponderación de sí el estado de felicidad al que regresamos es el mismo estado o es uno nuevo (en cuyo caso no regresamos) sólo cabe al sujeto que lo experimenta. Si es una *nueva* felicidad o es *la misma* que la de antes no puede determinarse por vías objetivas. Y como dijimos, tampoco es demasiado relevante. Si el amor que siento hoy por una persona es el mismo amor que sentí ayer por esa misma persona, es algo que sólo yo puedo determinarlo. Y aun en ese caso, tal ponderación no está exenta de dificultades. Lo mismo se puede decir sobre si mi felicidad de hoy es mayor o menor que la de ayer, si es más o menos intensa, etc. Pero en este caso ya se tratarían de estados nuevos precisamente por la diferencia de intensidad (mayor o menor)[45]. La verdadera cuestión se plantea al tener que determinar la igualdad entre un suceso o estado y otro.

Creo que la dificultad insalvable con la que nos encontramos en este punto, reside en el hecho de la constatación empírica de que a una misma causa se corresponden diferentes efectos, y viceversa, un mismo efecto puede provenir de diferentes tipos de causas. Por ejemplo: la misma lección (causa) que da un profesor genera diferentes resultados (efectos) en cada uno de sus alumnos. La prueba de ello es que en los exámenes no todos obtendrán la misma nota. A la inversa, los conocimientos de un alumno sobre –por caso- el átomo, pueden provenir de diversas lecciones, dadas por el mismo o disimiles profesores. Esta cuestión, que creemos que es un principio de naturaleza universal, a pesar de que los materialistas y los deterministas se opongan tajantemente a dicha tesis, es aplicable, desde luego, a todo lo que venimos diciendo acerca del tiempo, los sucesos, las cuestiones

---

[45] Si, en cambio, le adjudicamos a un mismo estado una intensidad que ya tuvo antes podemos juzgar que no es nuevo.

anexas y correlativas a estos fenómenos. Ya hemos hablado en otros sitios sobre nuestra convicción acerca de la multiplicidad universal, esto es, negamos la existencia de una naturaleza única, sino que, por el contrario, afirmamos la de una naturaleza múltiple, diferente y con tendencia a diversificarse cada vez más. Cuestión que hemos abordado con detalle en otras obras nuestras.

1.2. Progreso y retroceso.

Estas ideas están vinculadas con las nociones de progreso y retroceso. Aquí se plantea la cuestión de si los estados (y adicionalmente los sucesos) pueden ser mejores, peores o iguales a sus precedentes. El asunto de si los 10° del termómetro de hoy son idénticos a los 10° del termómetro de ayer. Yo me siento inclinado a pensar que la cantidad (y calidad) de circunstancias que interviene en la producción de los fenómenos es tan grande y de naturaleza tan específica, que es muy difícil -sino imposible- arribar a un resultado de estricta igualdad, ya sea en los sucesos cuanto en los estados. Prefiero hablar de semejanza y no de igualdad, aunque la diferencia sea o pueda parecer muy sutil.

Podrían recrearse condiciones presentes semejantes a las condiciones pasadas, no obstante, puede postularse que jamás nos hallaríamos en presencia de una igualdad estricta. Por razones de carácter transitivo, los estados obtenidos, tampoco serían iguales, sino semejantes. Pero ya vimos que el margen de diferencia sería tan insignificantemente reducido que no sería relevante.

La diferencia de grado es lo que en definitiva determina si los sucesos y los estados que esos sucesos contribuyen a formar, son más o menos favorables que sus precedentes, lo que, a su vez, nos indicará si estamos ante una situación de progreso o retroceso. La situación de estancamiento tampoco representa –en rigor- un estado estático como su palabra lo indicaría en forma literal. Se trataría de una situación en la cual los sucesos que contribuyen a formarla se encuentran en un estado de equilibrio tan grande que dan la apariencia al observador de una situación estática. Pero no creemos que dos estados de estancamiento puedan ser exactamente iguales. Esto no es óbice –no obstante- a lo dicho en cuanto a la reversibilidad de los estados, ya que hay muchas situaciones en las que los sucesos del momento 1 (M1) pueden ser reproducidos en el momento 2 (M2) y momentos subsiguientes; y si bien jamás podrán darnos estados exactamente iguales a sus precedentes, si en cambio podremos obtener estados muy semejantes o parecidos que variarán ligeramente –o en mayor grado- hacia el polo positivo o negativo; lo que desde la perspectiva del sujeto actor le permitirá calificar la situación como más satisfactoria, menos satisfactoria o aun igual de satisfactoria que la situación precedente. Nunca -parece- podremos tener exactamente a mano los mismos sucesos que permitan reproducir en forma exacta una situación y sólo en este sentido podríamos hablar de irreversibilidad, lo que -de todas maneras- sería muy forzado referido a los estados. Por ejemplo, podríamos si nos lo propusiéramos, recrear la mayoría de las condiciones existentes en el pasado del mismo modo que se arma la escenografía para el rodaje de una película donde nos destinamos a narrar la vida de, por ejemplo, Napoleón. Podríamos reproducir muchas de las condiciones habituales para la época, pero jamás podríamos reproducir los mismos hechos ocurridos entonces. Es decir, podríamos retrotraernos a un estado muy parecido y hasta casi similar al de la sociedad del siglo XVIII –por citar un ejemplo-, pero ello no implicaría literalmente regresar al siglo XVIII, sino a un "vivir cómo en" el siglo mencionado.

Como explica Ludwig von Mises, si destruyéramos la civilización actual podríamos retrotraernos a un escenario muy parecido al de la Edad Media, pero sería imposible recrear todas las condiciones, los miles y millones de factores que dieron lugar a esa época histórica. Viviríamos de manera muy parecida, con las mismas ventajas y desventajas que las habidas entonces, pero no parecería realista que dijéramos literalmente "Hemos regresado a la Edad Media". La Edad Media pasó[46].

Sin embargo, esto también ofrece dudas, porque inevitablemente están interviniendo en lo dicho factores de naturaleza enteramente subjetivos. En efecto, lo afirmado implica, y no deja de serlo, un razonamiento de naturaleza inductiva, con los riesgos que importa dicha manera de lucubrar. Para ser rigurosos, tenemos que decir que resulta al menos apresurado afirmar tan tajantemente que no es posible retornar al pasado. Es que difícilmente conocemos apenas a una pequeña fracción en nuestros contemporáneos; para afirmar en forma definitiva la imposibilidad de que se reprodujeran en el presente todas las condiciones que se dieron en el pasado, deberíamos asumir el presupuesto absolutamente irrealista de que nos es posible hoy, conocer **absolutamente todas** las condiciones que precedieron en el pasado y a la vez, conocer con la misma amplitud y totalidad absolutas todas y cada una de las circunstancias que se dan en el presente, para recién después, estar en situación de afirmar, o bien negar, que ambas totalidades de condiciones no son semejantes entre sí, cosa que me parece sumamente pretencioso afirmar que el ser humano es posible de semejante cosa.

Y como también acota Mises, nos sería imposible ya verdaderamente -hoy, y según este autor- recrear todas esas condiciones del pasado. Habría que reducir las existencias de capital de tal manera, que la actual civilización se vería prácticamente condenada a la desaparición física. Pero bien, esto es un tema más económico que filosófico. Remitimos -para quienes se encuentren

---

[46] Tendríamos otra Edad Media en este caso. Pero no la anterior.

interesados en profundizar en estas cuestiones- a la obra del profesor austriaco[47].

En consecuencia, los estados serán más parecidos entre sí (con independencia del "tiempo" en el que se den) que los sucesos, los que "siempre" serían singulares, únicos e irrepetibles. Esta parece un poco la idea de Popper cuando nos habla del pasado como cerrado y el futuro como abierto. Ahora bien, *repetible* no es sinónimo de *reversible*. Arriba definimos lo que se entiende por *reversible*. Se refiere *reversible* a los estados, en tanto que repetible, se referiría a los sucesos. Pero otra vez chocamos con un problema de definición.

Por ejemplo, no cabe duda que una revolución es un **suceso** en el marco de la definición dada. Como *suceso* a lo largo de la historia, hemos sabido de ciento de miles de revoluciones. Por eso, estamos autorizados a decir que la revolución -como sucesoes repetible, ya que sabemos que ha habido muchas en la historia. Lo que no sería repetible es una revolución en particular. Por ejemplo, no sería repetible la Revolución Francesa ni la Revolución Americana, por lo que ya hemos dicho de la imposibilidad de volver a reunir el cúmulo de situaciones o sucesos menores o causales que dieron lugar al suceso de mayor grado que llamamos *revolución*. Tenemos que introducir aquí como vemos, una jerarquía de sucesos o, dentro de los sucesos, otros de distinto grado. Habría pues sucesos de primer grado que llevarían a su vez a sucesos de segundo grado y así en forma sucesiva hasta terminar en sucesos de grados ulteriores. Tendríamos entonces una cadena causal de sucesos. La suma de dicha cadena causal de sucesos nos daría un **estado** de cosas o situación.

---

[47] Véase sobre todo de Ludwig von Mises "Teoría e historia", Unión Editorial. Madrid. 1975.

El Tiempo

Los sucesos de grado ulterior serían más repetibles que los sucesos de grado superior en orden ascendente. Se daría algo así como una estructura de tipo piramidal.

Lo que no me parece concebible, es negar en forma apodíctica que los sucesos que se dan en el presente no se hayan dado también además del pasado, es que no concibo la existencia de un ser humano que pueda poseer esa información, además de atemporal para negar semejante cosa de manera inevitable.

Lo máximo que podemos manejar al respecto, son meramente hipótesis, las que siempre estarán muy acotadas por la propia incapacidad de la mente humana para conocer absolutamente todos los fenómenos, no sólo futuros sino también los pasados e -incluso- los presentes. Sólo podemos especular respecto a la temporalidad de los sucesos, como también así, su frecuencia y cantidad. Puede parecer una posición extremadamente escéptica la sostenida en este aspecto, sin embargo, es la única que me parece una tesis razonable y que se puede postular sin incurrir en mayores contradicciones.

Gabriel Boragina

Capítulo 7. La experiencia.

Otro mito frecuente es creer que la experiencia es consecuencia del tiempo o que viene con el tiempo. Como en todos los demás tópicos que tratamos en este libro (y en nuestros otros escritos) la afirmación así -por sí misma- carece de sentido si no se inquiere previamente qué entendemos por "experiencia". Las definiciones convencionales de los diccionarios no dejan de ser tan vagas como siempre y nos dicen bien poco sobre el concepto de experiencia. La idea flotante es que la experiencia "viene con los años". Pero si no definimos y precisamos de qué clase de experiencia hablamos no estamos diciendo absolutamente nada que sea inteligible. Al hablar de la experiencia, tenemos que aclarar a qué clase de experiencia nos referimos, ya que todas las experiencias son de por sí diferentes; y el tiempo, no juega para nada en ellas como ordinariamente se cree; claro que esto será verdad, en la medida en que no se insista en creer o en utilizar la palabra "tiempo" como sinónimo de suceso, porque de adoptar la tesitura corriente, en la que -coloquialmente- tiempo y suceso se utilizan como vocablos sinónimos, no habrá ninguna diferencia con respecto a lo que más abajo diremos.

Por ejemplo, un niño es -frecuentemente- experto en juegos en los que un adulto puede ser –y por lo general es- completamente incompetente. También es habitual encontrar niños expertos en imaginación, otra cualidad rara de encontrar en personas adultas. Estas, si bien son generalizaciones, son ejemplos bastante válidos de que la "edad" no tiene que ver con la experiencia más que la práctica de una determinada actividad. Es la especialización y la repetición de determinados actos lo que trae experiencia y solamente en esos actos que se repiten o en los cuales se desarrollan habilidades. Y esto ocurre tanto con niños como con adultos.

Las personas expertas en negocios suelen ser incompetentes en otras áreas, los artistas, peritos en pintura, escultura o literatura suelen ser inexpertos en otros campos. La experiencia no tiene que ver con el tiempo ni con la forma de computarlo, tiene que ver con el número de sucesos en determinada área que se ejecutan. La experticia viene con la práctica y la repetición frecuentes, y no con el tiempo. Prueba de ello es que las personas que suelen ser competentes en un campo, pero luego dejan de practicar el arte o profesión de que se trate, suelen perder la experiencia que habían adquirido y deben reaprenderla o readquirirla. Si la mera acumulación de tiempo diera experiencia de por sí, no haría falta reaprendizaje alguno, ni la recuperación de habilidades que el mero transcurso del tiempo supuestamente daría. En este supuesto, todo sería cuestión de sentarse a esperar y listo. Esto me parece absolutamente cierto, ya sea que estemos hablando de artes, profesiones, deportes, es decir, actividades en general.

Sin embargo, el error de creer que la experiencia es -meramente- producto del tiempo, es enormemente generalizado, muy mayoritario. Excepto en los avisos publicitarios de ciertos empleadores que piden experiencia en rubros específicos, parece ser que la opinión mayoritaria es que la experiencia en y de absolutamente todo, vendría dada -exclusivamente- por el tiempo. Incluso los potenciales empleadores suelen caer en este error. Piden -por ejemplo- en los anuncios "experiencia de X años en liquidación de sueldos y jornales". Más allá de que no existe forma alguna de probar qué tiempo efectivo y real de experiencia o cuantos días, meses o años el candidato practicó el arte, profesión, actividad, etc., es evidente, que ninguna persona está todo el tiempo haciendo siempre una sola y única cosa. Repartimos nuestro tiempo en otras actividades, lo que nos resta experiencia en lo que provisionalmente dejamos de hacer y nos suma experiencia en la nueva actividad emprendida.

Nuevamente, rogamos al lector que tenga presente, que, en este esquema y esta explicación, estamos separando el significado de las palabras tiempo y sucesos.

Por otra parte, se prescinde del hecho de que dos personas con parecidas habilidades o presuntamente expertas en un área específica, como puede ser la gastronomía, por ejemplo, pueden tener diferentes niveles de eficacia en ese arte, profesión, actividad, etc. Si en una misma unidad de tiempo, entre dos gastrónomos, uno produce un plato, en tanto que el otro produce diez, es evidente que el segundo -a pesar de haberlo hecho en la misma unidad de tiempo que el primero- debería ser considerado más experto que éste. Y eso, que, en este esquema, no entramos a considerar la diferente calidad de los platos que podrían producir ambos tipos de gastrónomos. Hay personas que adquieren y despliegan sus habilidades en menos tiempo que otras, sin embargo, la falacia popular considera más expertas a las segundas que a las primeras. El problema con el que suele chocar un potencial empleador, es que no hay una unidad de medida que le permita cuantificar cuantas veces un gastrónomo cocinó un mismo plato, pero curiosamente, tampoco puede cuantificar cuanto tiempo lo vino haciendo. Si su anuncio de empleo pide un "gastrónomo con X años de experiencia para restaurante", la única manera de comprobar si el candidato posee la experiencia que dice tener, es simplemente creyéndole a sus dichos o a los de testigos[48]. Cualquiera de estos puede ser mentiroso, como normalmente ocurre.

El punto es que, en el mundo real, la experiencia viene dada por los hechos y no por el tiempo. Sin embargo, esta no es la opinión mayoritaria, producto de la creencia popular, e incluso científica, acerca de la existencia de un tiempo físico o material, que operaría conforme a supuestas leyes "propias ", o Supra leyes, todo lo cual, consonante intentaremos explicar en este libro, no se tratan más que de un mito.

No es el tiempo el que trae experiencia. sino la habilidad de las personas en ciertos campos, y la destreza viene dada a su vez por otros factores, también muy alejados del tiempo como son la pericia natural, la práctica, el estudio y la repetición. Volviendo al ejemplo de los niños, ellos son más expertos en juegos, simplemente, porque pasan la mayor parte de su tiempo dedicados a esa actividad, que -además- les agrada. Por esa razón, son más expertos que muchos adultos en esos campos.

---

[48] en el ámbito laboral, a los testigos, denominación que se les da en el ámbito jurídico, se les suele llamar referidos o referencias.

El Tiempo

En forma independiente de su edad o tiempo de vida, lo que confiere a una persona experticia en alguna actividad, viene dado por su inclinación o gusto por la misma y las habilidades innatas o adquiridas que cuente para ella. El tiempo ni refuerza ni debilita la experiencia. Sólo la inactividad o bien la dedicación a otra actividad diferente, podría quitarnos experiencia en un campo para dárnoslas en otro. De dos escritores, uno que escribe un libro por año y otro que escribe dos en el mismo tiempo, el sentido común indica (o mejor dicho debería indicar) que el segundo es más experto que el primero en escribir libros. Sin embargo, nuestra "cultura del tiempo", donde el tiempo es rector supremo, dice que la experticia de ambos sería idéntica, ya que todo lo que toma en cuenta esta pseudo cultura, es la unidad de tiempo en la que desarrollan su arte o maestría, y no el resultado de los mismos. Esto a su vez, es producto del mito por el cual, se acepta popularmente que el tiempo tiene entidad propia, física, autónoma y que, además, opera como un agente causal de los sucesos, causalidad que, desde luego, negamos.

Por lo demás, la experiencia por sí misma no es en modo alguno suficiente. Se tiene la idea que la experiencia es la simple repetición de actos, hechos o situaciones durante "mucho" tiempo. Pero alguien puede haber participado de muchos eventos o haber realizado muchas veces un acto, una profesión, un arte y no haber adquirido experiencia. Es que, si no se posee la cualidad de aprender de la experiencia, la experiencia en sí misma no sirve absolutamente de nada, o bien servirá de muy poca cosa.

Si se carece de la capacidad de aprender de los errores, por mucho que se repitan siempre los mismos actos y situaciones, y aun cuando se lo haga con alguna habilidad, los resultados serán insatisfactorios, lo cual, en buen romance, quita todo valor a la experiencia en sí misma, o para mejor decir, no constituye experiencia en ningún caso.

Gabriel Boragina

Resumiendo, nuevamente, nos encontramos con una multiplicidad de factores tan grande, que dificultan en buena medida, todo intento que hagamos para reducir los conceptos que habitualmente, utilizamos en significados tan generales, que nos permitan abarcar situaciones que -en realidad- están compuestas por una multiplicidad de factores tan enormes, que -paradójicamente- no nos posibilitan semejante reducción.

Desde lo filosófico, sin embargo: "EXPERIENCIA: Vivencia personal de una situación repetida. Posee experiencia quien ha conocido una realidad existencial, no sólo teóricamente. Experiencia sensible: captación de lo real a través de las facultades sensitivas de conocimiento. La escuela empirista hace de la experiencia sensible la única fuente válida de conocimiento."[49]

Concepto mucho más claro y preciso que -como se ve- no tiene vínculo ni nexo alguno con el tiempo como factor causal o concausal de aquella. A la vez denota la experiencia como algo individual, que no puede conocerse en el otro, sino en uno mismo. De donde surge que lo que normalmente llamamos *experiencia* no es tal, sino que con esa palabra queremos referir a habilidades o destrezas de otros o nuestras. Como sea, el tiempo en nada juega con ninguna de ellas. El tiempo no puede ser objeto de experiencia alguna. No puede ser captado a través de ninguna facultad sensitiva de conocimiento.

---

[49] Glosario de conceptos filosóficos. Cuaderno de materiales.

El Tiempo

141

Gabriel Boragina

Capítulo 8. El tiempo subjetivo. 143

En rigor, podría decirse que el único tiempo existente es el tiempo subjetivo. No nos referimos meramente a la "percepción" del tiempo, sino que hablamos de un tiempo real subjetivo, no objetivo. No observamos inconvenientes en referirse a la palabra *percepción*, en tanto y en cuanto, no nos despierte la equivocada idea de algo imaginario o, simplemente, fantasioso, como si no se correspondiese con la realidad, porque como veremos seguidamente, cuando se alude a la palabra *percepción* en el lenguaje corriente, vulgar y coloquial, se está haciendo referencia a algo de naturaleza casi fantasmal o bien imaginario, pero no es éste el sentido que le otorgan a la palabra percepción la psicología ni la filosofía. En estas disciplinas, e incluso en otras, como la misma física, el vocablo percepción tiene un preciso significado en concreto. José Molina Al Mansa hace interesantes reflexiones sobre la naturaleza del tiempo[50] en un libro donde se propone criticar a la teoría de la relatividad. Destacamos que cuando hablamos de tiempo "subjetivo" nos referimos al tiempo real interno de cada persona. Lo sepa o no, cada persona tiene un reloj interno biológico, que yo llamo "tiempo subjetivo". Este tiempo subjetivo de cada individuo -por regla general (y cultural)- coincide con el tiempo objetivo convencional (el tiempo de los relojes y los calendarios). A nuestro juicio, esa coincidencia general que se da entre los tiempos subjetivos y el tiempo objetivo es puramente cultural (pero no por ello menos real). Capas de condicionamiento -como diría Luis Alberto Vence[51] - nos han inducido a aceptar el tiempo del mundo como si fuera "nuestro" propio tiempo. Hemos adaptado nuestro reloj propio biológico interno al reloj con el que medimos el tiempo del mundo. Por eso contabilizamos nuestra vida en minutos, horas, días, meses y años.

---

[50] http://www.versee.com/ecamor.es/

[51] http://members.tripod.com.ar/lvence/index.html

El Tiempo

En relación con lo que venimos explicando, el lector no debe de perder de vista nuestra tesis central, por la cual lo que vulgarmente llamamos *tiempo*, no es más que la referencia que hacemos a un sistema de medición, adoptado arbitrariamente, conforme inmemoriales pautas culturales, sociales, políticas y económicas.

Desde el cerebro, controlamos el proceso (consciente o inconscientemente) y contra natura forzamos a nuestros organismos –y al de otros- a adaptarse al tiempo que hemos inventado para todo el mundo. A pesar de ello, en múltiples oportunidades, nuestro tiempo subjetivo (diferente al objetivo) se manifiesta, trata como de soltarse y encontrar su libre cauce de expresión. Nuestras pautas culturales lo sofocan una y otra vez, haciéndolo regresar a sus carriles convencionales a fin de que vuelva a coincidir con el calendario oficial. Inclusive adoptamos pautas de comportamiento esperadas -y esperables- para cada etapa fijada, y así hacemos –por ejemplo- cosas "propias de nuestra edad" (cursilería de amplia aceptación) simplemente porque pautas culturales, educativas, etc., así lo han indicado a fin de que se cumplan los cronogramas de vida "oficiales" conforme se han establecido desde épocas inmemoriales. Como todos estos no dejan de ser modelos culturales y sociales, los individuos que se apartan de tales cánones son anatematizados y excluidos de la sociedad. Por ejemplo, un llamado "adolescente" que no se comporta conforme al estereotipo social del "adolescente" es excluido por sus pares "adolescentes" del llamado mundo "adolescente" y es observado con preocupación por quienes a sí mismos se autodenominan "adultos". Lo mismo sucede en el caso inverso de un adulto que no se comporta de conformidad con la función que sus pares "adultos" le han asignado. Se lo aísla del mundo de los "adultos" en tanto es observado con preocupación y sospecha tanto por aquellos que no se consideran parte de dicho mundo (por ejemplo "adolescentes", niños, etc.) como por aquellos otros que se autodenominan "adultos". Quien rompe el molde de lo "apropiado para su edad" es, o bien tachado de anormal o bien tratado como tal. En cualquier caso, se le considera un caso de anomalía y patología social. No en pocos supuestos se le empuja a la desesperación y se le convence que necesita asesoramiento psicológico. En una palabra, quien se sale del estereotipo social fijado, queda por ello condenado a una suerte de ostracismo social y cultural del cual es muy, pero muy difícil regresar.

Este ostracismo puede tener en ocasiones derivaciones psicológicas muy graves para el "condenado". Se necesita una fuerte personalidad y carácter por parte del individuo que demuestra personalidad propia y a-temporalidad, para poder enfrentar los embates e ignorancias sociales. Muchas personas, en su interior, preferirían un tipo de comportamiento más personal y menos ajustado a los estereotipos sociales y culturales, pero a causa de la amenaza del rechazo social cumplen los roles asignados por las costumbres y las tradiciones "para su edad".

Lo cierto es que las personas -en cualquier etapa de su vida- tienen actitudes que normalmente la sociedad asigna arbitraria y caprichosamente a diferentes etapas de vida. Esto ocurre fundamentalmente por razones tradicionales. Pocas diferencias existen realmente entre las tradiciones y los mitos, que históricamente tienen raíces comunes.

En toda tradición, juegan un papel preponderante cierto tipo de mitos populares y -fundamentalmente- los prejuicios y los estereotipos. La gran mayoría de las personas basan no sólo sus apreciaciones, sino su propio estilo de vida en tales factores, y en el tema que tratamos, quizás más que en ninguno otro.

8.1. Fantasía y realidad.

Gabriel Boragina

El tiempo subjetivo no es un tiempo imaginario ni fantasioso, como ya hemos dicho y queremos subrayar ahora, es un tiempo real, existente, pero perteneciente a una realidad individual, diferente a la realidad de otros. El tiempo subjetivo es un tiempo no reconocible, ni siquiera por el propio sujeto, salvo en circunstancias muy puntuales. De allí que en la mayoría de los casos no sepamos controlar ni dirigir ese tiempo subjetivo que llevamos dentro y que nos es propio. Hemos pasado demasiado "tiempo" convencidos de la falacia de un tiempo "objetivo", y como dice aquella célebre máxima "una mentira que se repite la suficiente cantidad de veces termina convirtiéndose en una verdad" a lo que yo agrego "para aquel que la cree". En efecto, una mentira no es tal para quien no sabe o no cree en su contrario, comúnmente llamado "verdad". El tiempo "objetivo" no existe sino como la suma de tiempos subjetivos que se objetivan por la vía de su mayor difusión y aceptación colectiva. De pequeños nos enseñan los relojes y calendarios. Nos dicen que eso es literalmente "el tiempo", y pasamos luego a aceptarlo, como aceptamos casi todo lo que nos dicen los mayores sin cuestionarlo, producto de nuestra creencia infantil de que un adulto es incapaz de mentir, y menos aún si se tratan de nuestros padres o familiares directos. La teoría de la relatividad de Albert Einstein demostró –según se acepta hoy en la comunidad científi-

El Tiempo

ca- la relatividad del tiempo y del espacio. Sin embargo, mi postura no es absolutamente relativista. No afirmo que no existe la verdad ni la realidad. Hay verdades relativas y verdades absolutas como creo en realidades relativas y realidades absolutas. Sólo que las absolutas las considero ubicadas en el plano de lo absoluto, es decir, de lo extrahumano, o, mejor dicho, Supra humano, en tanto que lo relativo pertenece al ámbito humano, forma parte del mundo mental o del mundo sensible. Y así como la realidad de hoy fue la fantasía de ayer, la realidad del mañana es la fantasía del hoy. Al hablar del ayer, del hoy y del mañana, no tenemos por qué asignarles una cuantificación específica a esas palabras. El mañana puede estar sucediendo en este preciso instante y el ayer puede ser el mañana de hoy. Las palabras con las que designamos las cosas no son más que meras convenciones que no deben confundirse con la esencia de las cosas en sí mismas. Con el correr de las épocas y en diferentes lugares los vocablos van cambiando de significado. Pero estamos habituados a aceptar las significaciones convencionales de los vocablos. Es así como "una mentira repetida la suficiente cantidad de veces termina convirtiéndose en una verdad".

Nuestras realidades difieren de uno a otro, es así que las fantasías de unos son las realidades de otros. Pensemos –por ejemplo- en dos personas, una muy pobre y otra muy rica. La riqueza bien podría ser la fantasía del pobre, en tanto la pobreza podría ser una fantasía para el rico. Aquí la palabra "fantasía" tiene la connotación de algo increíble, irreal, irrealizable, no necesariamente "deseable", una fantasía puede ser terrorífica, tales como los cuentos de monstruos de nuestra niñez. Esto demuestra la relatividad de los términos y de los significados. La percepción de que existen hechos o sucesos que se presentan en forma concatenada, uno después del otro no es fantasiosa. Todos hemos tenido la sensación de que el tiempo no transcurre, va muy rápido, muy despacio y hasta se detiene. Y a todos nos han enseñado que eso no es más que una "percepción", es decir, un ángulo de visión, un parecer, algo diferente al "ser". Yo sostengo que es al revés, precisamente, lo que se nos ha enseñado como un "parecer" es el ser, en tanto que lo que habitualmente nos enseñaron como el "ser" no es más que el parecer.

Esto me reafirma en la convicción de la ilusión del mundo "real". Lo que llamamos "realidad" no es más que una percepción. Y lo que llamamos "percepción" no es más que la realidad. Esta inversión de significados tiene múltiples orígenes muy interesantes de analizar (cosa que no haremos por ahora aquí).

8.2. Reaprender

El trabajo para convencernos y reconocer nuestros propios tiempos es algo arduo, pero no imposible. Lo que lo hace arduo son aquellas capas de condicionamiento que han ido modelando nuestro subconsciente. La decisión de remover esas capas de condicionamiento es enteramente personal. Es decir, tenemos la libertad de cambiar, si efectivamente lo deseamos. Lo importante aquí es que tenemos la capacidad de manejar nuestros tiempos, que son independientes de un tiempo "objetivo" sea este entendido como el tiempo de otros (lo que una mayoría acepta como tal) o bien de un tiempo "natural" o un tiempo "físico".

La independencia al respecto es complicada, pero no imposible, como dejamos dicho. No es tanto un trabajo de convencer a otros, como un trabajo de convencernos a nosotros mismos antes que a nadie. No volver a aceptar errores comunes y generalizados, que -al fin de cuentas- no son más que meras opiniones de otros, muchas veces sentadas simplemente porque han sido sostenidas durante mucho tiempo o repetidas como "verdades" numerosas veces por cuantiosas personas, unas veces con autoridad y la mayoría de las veces sin ella. Barrer con todo esto es un trabajo de gran perseverancia y de grandes dosis de paciencia. Claro que todo logro también es individual y habrá quienes en esa práctica obtengan resultados antes que otros. La generalidad de las personas prefiere rehuir de los desafíos y aceptar los convencionalismos tal y como los recibieron de sus mayores o bien de sus compañeros, amigos o colegas. Ser común reporta grandes ventajas en donde la discrepancia molesta.

Quizá sea oportuno recalcar que estas reflexiones no implican de por sí la negación de un mundo objetivo. Nuestra postura no es la de un idealismo extremo o bien puro. Pero si, opinamos que el llamado mundo objetivo es individual. La objetividad individual es algo diferente a la subjetividad. Podría parecer muy sutil la diferencia a primera vista. Trataremos de explicarla un poco si nos es posible. El mundo objetivo individual es un mundo concreto para una persona determinada y específica y solamente para esa persona. Es lo que cada uno de nosotros cree objetivo y concreto o real (diferenciamos en otra parte estos términos, pero a estos efectos vamos aquí a considerarlos como sinónimos). Por ejemplo, mi idea de Dios puede ser muy concreta para mí. Dios podría ser muy concreto, y como tal diré que es de existencia objetiva. Lo subjetivo -en esta peculiar perspectiva- estaría dado por el ámbito de mis creencias. Sería un concepto más ideal. Es verdad que en mu-

El Tiempo

chas partes se entroncan lo objetivo individual y lo subjetivo, al punto que parecerían una sola cosa. Muchas veces la distinción, si, resulta verdaderamente sutil. Más que nada porque se manejan en el fondo ideas. Pero las ideas pueden concretizarse. En realidad, el mundo concreto, el mundo material sensible es un mundo de ideas materializadas.

El tiempo que te das para tus actividades es tu tiempo real. Es tu tiempo objetivo, pero aquí le llamamos tiempo subjetivo, simplemente para diferenciarlo con el tiempo oficial, el tiempo que todos conocemos y que una mayoría toma como "tiempo" en sentido literal, el tiempo de los relojes y calendarios. Tú puedes adoptar como tu tiempo subjetivo, el tiempo oficial, con lo cual objetivas de esa manera tú tiempo subjetivo. Has decidido vivir el tiempo "oficial" y todas tus actividades y procesos los cumplirás en "ese" tiempo, muchas veces por razones de comodidad o simplemente porque has aceptado lo que a todos nos han enseñado sobre estos tópicos y temes cambiarlo o bien cuestionarlo. Ergo, lo aceptas y punto.

Gabriel Boragina

Las palabras.

Llamamos tiempo subjetivo a lo que normalmente confundimos con la mal llamada "percepción" del tiempo. Casi todos reconocemos tener una "percepción" del tiempo personal. Pero, las personas aceptamos el término "percepción" como si fuéramos observadores de un objeto externo. Es un mito, ya que el tiempo no puede ser observado externamente. (Véase lo dicho al respecto en el Capítulo 3).

De momento que el tiempo sólo puede ser una experiencia interna, únicamente puede ser *subjetivo* a nuestro respecto. Entre tanto, el tiempo de los otros, externo a nosotros, será nuestro tiempo objetivo. La decisión respecto de en cuál de los dos tiempos vivir, y cuanto de ambos hacerlo, es enteramente personal. De la misma manera, llamamos -en este libro- tiempo *objetivo* al que terceros ajenos a nosotros se dan a sí mismos o creen estar viviendo. Por ejemplo, si alguien nos dice que estamos posicionados en el año 2007, 2030 o 1810, cualquiera de dichas fechas será el tiempo *objetivo de esa persona*. Desde el momento que aceptamos alguna de esas fechas y coincidimos con dicha persona en ella, esa fecha aceptada pasará a ser, además -y también- nuestro tiempo subjetivo. En este último caso, nuestros tiempos subjetivo y objetivo coincidirán.

Lenguaje y matemáticas

Creo que el tiempo no pasa de ser un mero juego de palabras. En realidad, el tiempo se reduce a un sistema convencional para medir velocidades de objetos, que se complementa con un juego verbal y otro juego aritmético. El juego verbal estaría dado por la diferente conjugación de los verbos, que son los que están creando "el tiempo" en el lenguaje. Hemos internalizado las célebres conjugaciones de los verbos en sus tres "tiempos" fundamentales: pasado, presente y futuro. Desde este punto de vista, el

El Tiempo

tiempo podría definirse como una mera conjugación de verbos. El juego matemático al que me refiero está dado por los relojes y calendarios. Es el juego que complementa numéricamente al juego verbal de las conjugaciones (que tantos dolores de cabeza les dan a los estudiantes de los primeros cursos de gramática). Pero los físicos también juegan el juego, como nos explica González Farfán, a quien citamos en otras partes de este libro, al tratar de matematizar el tiempo. Los jugadores más conocidos del juego matemático del tiempo son Galileo, Newton y Einstein. No son los únicos, sino tan sólo los más famosos. González Farfán nos da otros nombres, e indagando, podemos encontrar más nombres aún. Concluimos que el tiempo no tiene existencia física, ni objetiva (excepto la que se le quiera dar en el ámbito individual y que será –desde luego- subjetiva); tratándose de un mero juego verbal y aritmético representado por palabras y números que se han objetivado, dándole propia existencia a lo que no es ninguna otra cosa que un sistema más para medir velocidades de cuerpos en movimiento, como sucede por ejemplo en las carreras deportivas y otras competiciones similares.

La costumbre de expresarnos en "tiempos" verbales y la interiorización de dicha costumbre, hace que confundamos la convención con la realidad, y que creamos de verdad que el tiempo existe. Al narrar que fulano "caminó" por la acera, lo hacemos para hacernos entender que vimos a una persona caminando en un "tiempo anterior" al que lo expresamos. Con ello nos hacemos entender a otros, pero esto no significa, en manera alguna, que fulano haya caminado en esa acera en el pasado. Fulano pudo haber caminado, estar caminando o caminará por esa acera. En realidad, el hecho de que una persona actúe o un objeto se desplace o reaccionen, no depende de las palabras con que lo expresemos, depende del hecho físico en sí mismo. En un sistema de tiempos subjetivos, el Fulano de nuestro ejemplo puede considerar que el hecho de caminar no coincide exactamente con el momento en que el observador que le comenta a un tercero le está atribuyendo. Si Mengano cuenta que Fulano *caminó* ayer por la acera, que lo vio caminar en el día de ayer, ese pasado es el tiempo de Mengano, pero puede ser o no el tiempo de Fulano. Y esto es así porque el tiempo real es subjetivo y no objetivo. Los tiempos de Mengano y Fulano pueden coincidir, lo que de cualquier manera no quita que sus tiempos reales sean subjetivos y por lo tanto diferentes, admitiendo a su vez, diferentes sistemas de medición.

Las dimensiones temporales de las personas difieren. En el ejemplo dado, cuando un observador externo comenta de otro, o de una cosa, o un hecho que sucedió, el relato parte de la base de una referencia objetiva. La referencia objetiva –nuevamente– que se toma son los consabidos relojes y calendarios. Si, por ejemplo, digo "vi a José" y lo digo en pasado, es porque mentalmente estoy pensando (consciente o inconscientemente) que son, por decir, las tres de la tarde y vi a José hace una hora. Hablo en pasado porque mi referencia es un reloj externo que, objetivamente, me está diciendo que en este momento son las tres de la tarde; pero si por un momento prescindimos del reloj y hacemos de cuenta que vivimos en un mundo sin relojes, percibimos que al decir "vi a José" es igual que decir "veo a José", porque cuando pronuncio esas palabras, evoco la imagen de José en mi mente. La evocación es en tiempo presente. Lo correcto sería decir veo a José o lo veo en presencia. Deberíamos aclarar solamente si le vemos físicamente o si lo vemos imaginariamente. Pero si digo que lo vi, necesariamente estoy haciendo depender mis palabras de una referencia externa, que en el caso es un reloj, aunque podría ser un calendario si al hablar digo "lo vi ayer" o "hace una semana".

El problema de fondo radica en que a veces olvidamos que las palabras son símbolos que representan tanto ideas como objetos. Influidos por doctrinas materialistas tenemos una fuerte

El Tiempo

tendencia a objetivar el mundo y los conceptos. Tratamos de materializar nuestros sueños a toda costa. Lo propio hemos hecho con el tiempo. La materialidad nos arrastra. No soportamos por mucho tiempo la abstracción. La mayoría tiene fuertes resistencias a pensar en forma abstracta. Tratamos de materializar nuestras ideas trabajosamente. Muchas veces, vamos más allá y tratamos de imponer nuestras propias materializaciones a nuestros semejantes. Atribuimos existencia material a palabras que representan abstracciones, tales como las conjugaciones verbales y otros vocablos inventados para designar ideas tales como las partes del reloj que hemos dividido con palabras tales como segundos, minutos, horas o vocablos con los que tratamos de describir nuestros calendarios, tales como días, semanas, meses, años, lustros, etc. Nuestra tendencia a materializar las abstracciones mentales, a convertir todo pensamiento en algo concreto, nos ha hecho creer que el tiempo es algo concreto cuando no lo es. Por eso decimos, erróneamente, que el tiempo "transcurre" "fluye" o "pasa" palabras que designan movimientos, cosa que no es verificable empírica ni físicamente en el tiempo. Al menos no lo es en lo que se denomina tiempo "objetivo" o "físico". Reducido a su realidad, el tiempo no es más que la suma de movimientos observados desde el ángulo elegido por el observador. En nuestro caso, el punto de referencia es nuestro planeta tierra. Existe la convención de elegir el movimiento de la tierra para regir el tiempo humano. Pero se ha olvidado que cada ser humano es un cuerpo, un organismo, un microcosmos con movimientos propios, es decir, con tiempos individuales (ver lo dicho en 2 Micro y macrocosmos.).

Quizá cuando la expresión verbal "tiempo individual" se popularice (sí es que alguna vez ello ocurre); o cuando el vocablo "tiempo" en lugar de evocarnos relojes y calendarios nos evoque nuestro tiempo subjetivo, entonces cambie el concepto de un "tiempo" oficial y uniforme para todas las personas del mundo y se declare la independencia de los calendarios y relojes convencionales para medir el tiempo. Sin duda habrá –por razones de practicidad- calendarios y relojes convencionales para cierto tipo de actividades comerciales u oficiales, pero tal vez ese día la humanidad deje de creer en el tiempo como algo de existencia física, concreta, externa y tangible, al cual debe someterse o al cual debe someter a otros. Lo mismo cabe decir de palabras inventadas para designar etapas de nuestra vida, tales como niñez, adolescencia, madurez, adultez, etc. Hoy creemos que esas palabras representan cosas concretas cuando en realidad también representan abstracciones. Puras fantasías mentales, reales sólo para quienes quieren creer en ellas. No importa, si como sucede, una mayoría desea creer en la existencia material de sus estereotipos verbales. La realidad jamás está definida por una mayoría, sea de la naturaleza que fuere.

Repetición y reversibilidad

Vamos a examinar aquí nuevamente algunos asuntos que ya hemos tocado en este libro, pero intentaremos darle alguna profundidad mayor, procurando hacerlos más claros si nos resulta ello posible. Hay muchas maneras de interpretar o significar los términos reversibilidad y repetición; como suele ocurrir en estos casos, las definiciones habituales del diccionario no nos ayudan demasiado, ya que, o son parciales o bien apuntan a cuestiones diferentes; trataremos de hacer una síntesis sobre lo dicho con relación a estos dos tópicos. Volvamos a la definición del diccionario de *reversible*. Ella nos dice que reversible es: "adj. Que puede volver a un estado o condición anterior."

Cuando se habla de *volver* cabe preguntarse a que se está refiriendo. Puede referirse a un objeto o a un suceso. Repetición alude a algo que vuelve a suceder. Parecería razonable pensar que un suceso sólo puede repetirse en el presente o en el futuro (aceptando las palabras tradicionales que designan tiempo). ¿Po-

El Tiempo

dría repetirse un suceso en el pasado? -según la teoría física oficial parecería que no, que los sucesos no podrían repetirse en el pasado. Decir lo contrario implicaría que el tiempo puede volverse atrás. Volver el tiempo atrás no parece lo mismo que repetir la historia. Implicaría volver a pasar lo que ya pasó. Pero para que vuelva a pasar tendría que pasar de nuevo, obviamente. Igualmente, todo esto tendría sentido si aceptamos que existe algo como el pasado, el presente o el futuro. Puesto que la tesis de este libro es que estos vocablos designan conceptos que no tienen existencia física objetiva, carece de sentido especular sobre la reversibilidad o repetición del tiempo. De todas formas, va a resultar un ejercicio interesante, al menos para quienes no compartan la tesis de la inexistencia de un tiempo objetivo.

Si por "suceso" se entiende un conjunto de factores que determinan un hecho, un suceso reversible sería ese mismo conjunto de factores, pero "reversible" no aludiría al pasado en este caso, sino que tales factores se han vuelto a presentar todos juntos en un momento posterior que podemos llamar momento 2 o M2. Ahora bien, SM2 (suceso en el momento dos) implica la previa existencia de SM1 (suceso en el momento uno), lo que a su vez conllevaría a que SM1 y SM2 son sucesos diferentes con lo cual es muy difícil decir que SM2 es una reversión de SM1 o es SM1 mismo. En este caso parece que SM2 es una repetición de SM1. Todo parece indicar que SM2 es otra cosa diferente a SM1 aun cuando pueda parecer idéntico. En cuanto a sus formas extrínsecas e intrínsecas, SM2 puede ser mejor, peor o igual a SM1. En cualquiera de estos casos, pertenece a la categoría "S" lo que nos permite identificar y relacionar ambos sucesos como pertenecientes a una misma especie.

Para hablar de reversión la secuencia debería ser la siguiente: S1M1,→ S2M2,→ S1M3. Por ejemplo, S1 puede ser soñar con cabritos. S2 puede ser soñar con pájaros. Si luego de soñar con pájaros vuelvo a soñar con cabritos (S1M3) hay un suceso reversible. O (en otro ejemplo) S1M1: hablo con Juan, S2M2 hablo con Pedro, S1M3 vuelvo a hablar con Juan, también hay reversibilidad en el suceso. Ergo, la reversibilidad existe.

Con relación a la repetición o reversibilidad de los estados, el diccionario entiende por estado *"m. Situación en que está una persona o cosa, esp. cada uno de los sucesivos modos de ser de una persona o cosa sujeta a cambios que influyen en su condición"*

Considero que la "situación" a la que alude la definición está conformada por un número de sucesos específicos que son los que, confluyendo, en forma conjunta dan como resultado un estado. Ahora bien, para hablar de la reversión, de una persona o cosa del estado A al estado B habiendo estado previamente en B y habiendo pasado de "B" a "A"; deberemos verificar que se han dado todas y cada una de las condiciones que permitan tener por configurado B, de manera tal que B siga siendo B tanto en el momento 1 como en el momento 2. Sólo en este caso es posible hablar de reversión. Y en este caso la reversión si resulta factible. Ya que B no sería un suceso, sino un conjunto de sucesos. La dificultad reside en asegurar que todos los factores que contribuyen a formar B son idénticos a los que existían cuando de B se pasó a "A". Otra vez, esto nos lleva a considerar que la persona o cosa estuvo en B en el momento 1, pasó a "A" en el momento 2, para volver a B en el momento 3. Hay una sucesión de momentos que dificultan hablar de reversión del tiempo, pero no parecen impedir hablar de reversión del estado.

Aparenta evidente que M3 no es M1 y que B no sería exactamente igual en M3 que en M1. El problema estriba en que es difícil imaginar que la innumerable cantidad de factores que intervienen a formar los estados se repita todos al mismo tiempo (en calidad y cantidad), pero esto no implica que lo descarte a priori. Dejo planteada la duda al respecto, con lo cual queda

El Tiempo

abierta la puerta a la posibilidad de reversión. De todo lo dicho, parecería poderse concluir (al menos en forma provisoria) que no existirían -conforme la tesis aquí expuesta- demasiadas diferencias manifiestas en la significación de las palabras "reversión" y "repetición". Respecto del tiempo, ambas se estarían dando siempre en un momento posterior (comúnmente llamado presente) y se estarían refiriendo tanto a estados como a sucesos. Eliminado el tiempo del medio, no hay obstáculo alguno de hablar en forma indistinta, tanto de reversión como de repetición. No habría mayores diferencias entre usar una palabra o la otra ya que carecería de importancia determinar si los hechos o estados se dieron, se dan o se darán. Estas consideraciones, si son correctas, nos están indicando que la palabra "reversión" es más apropiada referida a los estados de cosas o de personas, en tanto que aparenta ser menos aplicable a los sucesos. La dificultad mayor reside en aplicarle el término al tiempo, sobre todo cuando hay un consenso generalizado en la "imposibilidad" de reversión del tiempo, más que nada por la *dificultad* de observación y corroboración del fenómeno. Ahora bien, tal problema en manera alguna implica de por sí una negación de plano a la tesis de la reversibilidad del tiempo, siendo tan sólo una hipótesis de trabajo en el tema de investigación. El problema de reversibilidad de los sucesos está directamente relacionado con la dificultad de observación, detección y estudio de todos los factores que podrían intervenir en el fenómeno, pero ello no permite descartar sin más la posibilidad de la existencia de fenómenos reversibles entendiendo por tales; efectos que regresan a sus causas remontando el orden causal en que los distintos sucesos que dieron por resultado un efecto, se vuelvan a dar, pero en orden inverso. Si esto es así, sería incorrecto decir que el pasado haya dejado de existir, no porque sucesos del pasado podrían repetirse en el futuro, sino porque el pasado podría tomar el lugar del presente. Pero aquí se podría objetar que, si el pasado toma el lugar del presente deja de ser pasado y se transforma en un nuevo presente, lo que parecería confirmar la flecha del tiempo en sentido lineal. Todos estos problemas desaparecen aceptando la inexistencia del tiempo objetivo y la posibilidad de repetición de sucesos y estados, lo que no resulta descabellado afirmar.

Todo lo dicho nos lleva de la mano al análisis de temas tales como la regeneración molecular y otras cuestiones tanto físicas como metafísicas.

No obstante, hablar de regeneración de sucesos o bien de la materia también parece posicionarnos en un futuro. Quizá quede la duda de sí la regeneración de la materia o de un cuerpo determinado se está llevando a cabo en una dimensión temporal diferente a la que nosotros percibimos como presente. Me parece que aquí está la cuestión clave. Si es cierto que el tiempo tiene diferentes dimensiones, entonces hay que admitir su reversibilidad y la de todos los sucesos que se dan dentro de lo que llamamos "tiempo".

Pero, una vez más, para aceptar que el tiempo tiene diferentes dimensiones y de que existen sucesos temporales y otros atemporales, hay que aceptar la idea de un tiempo que pasa o trascurre. Lo que nos retrotrae a la visión tradicional del tiempo, o, mejor dicho, de lo que se conoce como la flecha del tiempo, para lo que a su vez hay que admitir la tesis de la existencia del tiempo físico como realidad. Hablamos aquí del tiempo físico en su sentido de objetivo, externo y material.

Si existe un tiempo físico -cosa que no creemos- debería comportarse de la misma manera que partículas y ondas. Es decir, sometido a las leyes de la física. Tales, partículas y ondas cambian de estado, van de un estado a otro en forma permanente, ocupando muchas veces las mismas posiciones. En esta dimensión, el tiempo sería como un lugar, ya que tendría existencia física, y de la misma manera que siempre se puede volver a un lugar, también en este caso podría volverse a un momento anterior, con lo cual,

El Tiempo

desde este punto de vista, el tiempo sería perfectamente reversible. Si el tiempo no existe, como dijimos, este problema no se presenta. Porque en este caso no se podría hablar ni de pasado ni de presente ni de futuro. Pero si se admite su existencia física u objetiva tal como un objeto externo, el tiempo puede repetirse. Si, además, se asocian las palabras **tiempo** y **sucesos**, se llegaría a la misma conclusión: si el tiempo es reversible los sucesos que se generan dentro del mismo también lo serían. Desde este punto de vista, la reversibilidad de un suceso sería idéntica a la reversibilidad del momento en el que el suceso se produce. El tiempo podría volver hacia atrás.

En esta línea, cuando observamos lo que llamamos la repetición de un suceso, podríamos estar observando -sin percibirlo- un suceso ya ocurrido, pero en otra dimensión temporal. Es decir, estaríamos observando el mismo suceso –y no otro diferente- ocurriendo una vez más, pero en el mismo pasado.

Quizá los sucesos sean reversibles en muy pequeña escala. Tal vez algunos sucesos sean reversibles y otros no lo sean. El pasado podría volver en casos puntuales a suceder. Podríamos creer estar observando un suceso en el presente cuando en realidad el suceso que estamos observando está situado temporalmente en el pasado. Y lo que sencillamente ocurre es que estamos observando desde el presente un suceso del pasado y sólo tenemos la ilusión (dada nuestra noción de estar situados en el presente) de que tanto el observador (nosotros en este caso) como el suceso observado están ambos en el presente.

Aquí es central la noción de recuerdo. El recuerdo ¿está actualizando lo recordado? O en su lugar ¿es un volver al pasado de lo recordado? ¿Dónde está ubicado lo recordado en el momento de ser recordado? ¿En el presente o en el pasado? En la versión de un tiempo lineal, físico y externo al sujeto la respuesta debería ser en el presente. En tanto que desde la óptica de un tiempo personal, subjetivo e interno; la respuesta podría ser indistinta. El suceso recordado podría ser una transportación del sujeto recordante hacia el pasado o bien, una actualización del suceso u objeto recordado en el presente. En esta línea, "revivir" un acontecimiento o un hecho o una persona, sería mucho más que una mera metáfora o un giro poético. Sería un hecho real, en el cual lo recordado cobraría existencia física al menos en el sujeto que recuerda. Puede suceder que en el ámbito celular o molecular o aun atómico exista una permanente regeneración temporal. Tal vez la regeneración celular o molecular no sea más que un volver al pasado. En esta línea, volver al pasado o a un estado pasado sería idéntico. Todo esto sería perfecto ejemplo de lo que se quiere significar con la palabra reversibilidad. Si algo que existió y dejó de existir vuelve a existir, es muy claro que dicho fenómeno se trata de una reversión, con la condición de que la nueva existencia sé de en la misma dimensión temporal, es decir, en el pasado. De no ser así, no se podría hablar propiamente de reversión sino de repetición, en tanto que la repetición respeta la tradicional flecha del tiempo: un hecho que se repite sólo puede hacerlo en el presente o en el futuro. Su ocurrencia original estuvo en el pasado, si se ha de repetir, sólo podría hacerlo hoy o mañana. Si ocurre nuevamente, pero en el ayer, se trataría de una reversión y no de una repetición. Aquí el pasado no se confundiría con el presente (excepto que mantengamos a ultranza la tesis de la flecha del tiempo de un sólo sentido) pero si el tiempo físico existe como físico (externo al sujeto, por ende, objetivo); la flecha del tiempo no tendría por qué tener un sólo sentido, debería tener un doble sentido, debería ir no sólo del pasado hacia el futuro, sino que también debería poder regresar del futuro hacia el pasado en sentido inverso.

Hablar de una flecha o de cualquier otro fenómeno que se comporta de una sola manera o se mueve en un sólo sentido, nos sumerge nuevamente en un universo determinista. Universo que no reputamos real, siguiendo las enseñanzas de Karl R. Popper.

Es extremadamente dificultoso establecer cuando la flecha va en un sentido o en el otro. Por comodidad, decidimos que se dirige en un sólo sentido (pasado>futuro). Esto podría ser cierto en general pero falso en situaciones particulares. Podría ocurrir que exista una tendencia general del tiempo de transcurrir desde el pasado hacia el futuro, pero también podría ser que esta tendencia tuviera excepciones, y que, en ocasiones, o bien para ciertos hechos particulares, el tiempo se comportara de manera diferente, regresando del futuro hacia el pasado. Hay muchas situaciones en las que nos parece percibir vivir una realidad pasada o del pasado. Quizá dicha "percepción" sea más que una simple percepción; y a esto ya nos hemos referido con algún detalle, cuando criticamos la tesis del tiempo objetivo.

Ya posicionados en un tiempo subjetivo la cuestión se ve con mucha mayor claridad. El tiempo subjetivo es claramente bidireccional[52] que se podría representar como una flecha de doble sentido. Pero en realidad no creemos que se trate de una flecha de doble sentido. Creemos en una flecha única pero no que se desplaza en un sentido lineal sino en forma cíclica, cuestión que enmarcamos en una teoría general mucha más amplia abarcadora del universo y que abordaremos en el capítulo siguiente.

---

[52] En rigor, sería multidireccional.

Gabriel Boragina

El Tiempo

167

Gabriel Boragina

Capítulo 9. Equilibrio

Desde hace tiempo considero que la vida, ya sea en su aspecto físico o espiritual se traduce en fuerzas que desembocan en estados de equilibrio. Sin embargo, la evolución no es equilibrio sino desequilibrio.

Describo el mundo como sujeto a dos fuerzas opuestas y de signo contrario, que llamo positivas y negativas. Estas fuerzas actúan tanto en el ámbito físico, psíquico como emocional y aun espiritual.

Normalmente, estas fuerzas operan en dos planos, el plano consciente y el plano inconsciente. Si la resultante de ambas fuerzas es de signo positivo entonces podemos hablar de progreso o evolución (a estos efectos los utilizaremos como sinónimos, aun conscientes de las diferencias existentes entre ambos términos). En oposición, si la resultante es de signo contrario hablamos de retroceso o involución. "Cambio" no necesariamente implica "progreso" o "evolución". Se puede cambiar para que todo siga igual o peor. Y esto se manifiesta en muchos aspectos de la vida, tanto en el ámbito físico, químico como vital y espiritual. Si bien todo en la naturaleza está en continuo movimiento o cambio (al de decir del sabio filósofo griego Heráclito) no todo cambio implica progreso. El cambio puede ser hacia delante o hacia atrás. Sin embargo, normalmente, las fuerzas a las que hicimos mención -y que son precisamente las que operan el cambio- hacen que se compensen, neutralizándose entre ellas, dando como resultado la apariencia de ausencia de cambio o equilibrio.

El principio hermético del ritmo alude a este proceso. En nuestra opinión, el principio de generación introduce un impulso vital hacia estados más evolucionados. De no existir fuerzas contrarias a dicho impulso, la evolución sería incesante y en sentido ascendente. Pero al existir fuerzas de sentido contrario, la evolución se torna lenta y a veces se estanca.

Creemos que dicho impulso evolutivo es de orden divino, en tanto el impulso en sentido contrario (o involutivo) es de naturaleza humana. Expresado de otro modo, Dios es perfección y apunta hacia ella en la creación. El hombre, al ser imperfecto por voluntad propia (libre albedrío) en parte obstaculiza la perfección divina y sirve de lastre a la misma. Logrado el punto de equilibrio debería poderse ascender en la escala evolutiva a voluntad, siempre teniendo en cuenta la resistencia que oponen fuerzas de signo contrario generadas por nosotros mismos como entes imperfectos y por los demás en el mismo carácter.

Esas fuerzas a las que aludimos son de origen mental. Por el principio hermético del mentalismo el universo es mente y -por lo tanto- toda manifestación material es de origen mental. La materia es mera creación mental.

La ascensión rítmica se asemeja a un espiral. Si bien la tendencia es evolutiva, no es lineal, sino, cíclica, pero no un ciclo cerrado sino abierto, que a la vez que aparenta volver al punto inicial, en realidad se aleja de él expandiéndose. Esto es lo que -por ejemplo- les hace decir a algunos que la historia parece repetirse cuando en realidad no lo hace. Esto no implica afirmar, en modo alguno, que la materia es ilusión. La materia es real, lo que no priva que sea creación mental, del mismo modo que un rascacielos es real habiendo sido primero; la creación mental de un

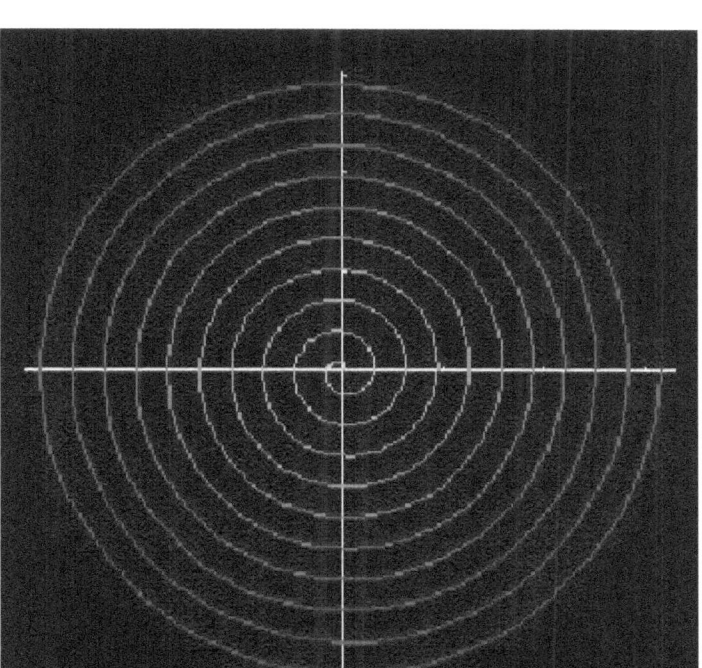

ingeniero o bien de un arquitecto.

Ilustración 1

El universo se mueve en un sentido espiralado. De izquierda a derecha o de derecha a izquierda tal vez. En dirección ascendente primero partiendo del punto de origen, descendente después y nuevamente ascendente, no ondulante sino circular, como vemos en la Ilustración 1.

Un círculo abierto en forma de espiral. Su expansión es circular y no lineal.

La figura que mejor representa lo que queremos expresar es la espiral de Arquímedes que es la que vemos acá arriba.

Tratemos de visualizarla en forma más clara mediante la figura 2:

De acuerdo con nuestra teoría, esta figura representa el movimiento del universo y de todo lo que en él se halla. Supongamos que la figura representa el tiempo. Si interpretáramos aplicable al tiempo (y a todo el universo) el principio hermético del ritmo que dice:

Ilustración 2

El Tiempo

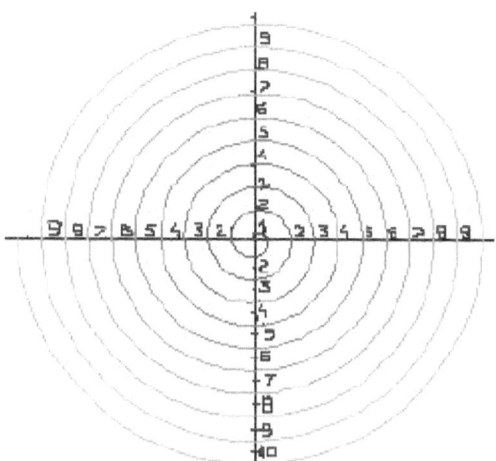

5. Todo fluye y refluye; todo tiene sus períodos de avance y retroceso, todo asciende y desciende; todo se mueve como un péndulo; la medida de su movimiento hacia la derecha, es la misma que la de su movimiento hacia la izquierda; el ritmo es la compensación.

El enunciado principio confirmaría que el universo no es estático, sino dinámico.

El punto 1 sería el origen del tiempo. Supongamos que el tiempo avanza hacia arriba y hacia la derecha y retrocede hacia abajo moviéndose hacia la izquierda. En el origen, el tiempo registra un movimiento de avance de 1 hacia 2. Los números de los ejes pueden representar cualquier cosa que el lector prefiera. Pueden ser años, estados, periodos, etapas, ciclos, momentos, instantes, etc. o como el lector quiera denominarlos. Después de todo, las palabras son convencionales y designan aquello que nos pongamos de acuerdo que designen. Por eso para mí, todas esas denominaciones serán sinónimas aquí. Si llamamos a la línea horizontal A y a la vertical B, podemos a su vez suponer que por sobre "A" el tiempo avanza y por debajo de A retrocede. El trayec-

Gabriel Boragina

to de "A" a "B" marca el periodo de ascenso, en tanto que de "B" a "A" el de contracción o descenso. El movimiento de izquierda a derecha no resulta relevante sino meramente convencional. Lo relevante es el movimiento de ascenso y descenso.

Contrariamente a lo que cree la mayoría, el tiempo no se desplaza de 1 a 9 en línea recta, sino en forma de espiral circular y rítmica en círculos ascendentes y descendentes. Ni el ascenso ni el descenso tienen un punto final –como ocurriría en una versión lineal del proceso- sino sólo un punto inicial y un proceso expansivo. Si sumamos las etapas ascendentes y le restamos las etapas descendentes siempre tendremos un resultado cero. Es decir, de equilibrio. Esto es lo que ocurriría de efectuar las operaciones de suma y resta a lo largo de la línea A. De todos modos, el equilibrio volverá a romperse por el propio movimiento del proceso. Y así sucesivamente. El principio hermético de polarización nos dice que podemos detenernos en un punto cualquiera de la curva y simplemente permanecer allí. A estos fines podemos considerar "polos", cualquier punto de las líneas A y B. En otras palabras, nos dice que podemos retrasar o acelerar el desplazamiento del punto a lo largo de la curva. También podemos quedar posicionados "entre polos". Desde el punto de vista de "El Kybalión", esto se lograría mediante el arte de la transmutación de un estado en otro que, según el mismo texto, todos realizamos, sí bien en la mayoría de los casos de manera irreflexiva. Pero el ritmo se manifiesta también en aparentes estados de equilibrio. Como ha dicho Ludwig von Mises, el equilibrio más que un estado es una tendencia Lo que normalmente llamamos equilibro, en realidad son fuerzas contrapuestas en movimiento que se compensan unas con otras. Los desajustes son permanentes. Sin estos desajustes el progreso sería imposible. Al reposo sigue la acción y a la acción el reposo. Podemos convenir designar esta sucesión con la palabra "equilibrio". Pero "sólo acción" o "sólo reposo", representarían otro tipo de "equilibrio". Nos encontramos con que paradójicamente la palabra "equilibrio" podría designar situaciones radicalmente diferentes.

Tratemos de explicar un poco más este supuesto. Si al estado de acción (digamos 1) le sigue otro estado de reposo (llamémosle 2) la sucesión: estado 1 • estado 2 puede recibir el nombre de "equilibrio". Estamos aquí entre fuerzas de diferente signo que se compensan entre sí. En rigor, tendríamos que hablar de estado 1 menos estado dos, si asignamos a ambos estados el valor de uno, entonces el resultado final será cero. Es la noción habitual que tenemos de la palabra "equilibrio". Ahora bien, si un cuerpo X es por un periodo muy prolongado de tiempo, siempre observado en estado 1 (o en estado 2), o, en otras palabras, no se observa la secuencia de pasaje de uno a dos como en el caso anterior; el "permanecer" del cuerpo en semejante estado "invariable" por llamarlo de alguna manera, también nos estaría dando la impresión de una situación de "equilibro". La paradoja de lo dicho estaría representada porque, tanto una situación de cambio como una situación de no-cambio podrían representar ambas por separado, situaciones de equilibrio. Pero –nos dicen- no cualquier cosa puede ser equilibrio y no todo puede serlo. ¿De qué dependerá entonces? En esto -como en tantas otras cosas- la respuesta será personal. Es decir, subjetiva.

A los ojos de un observador externo, un cuerpo, o una persona, puede permanecer inmóvil (como nos parecen inmóviles las estrellas del cielo, vistas desde la tierra) sin embargo, tal inmovilidad, sólo es aparente y sólo es "real" para el observador superficial. Si de dos competidores en una carrera uno se mueve más rápido que el segundo, a los ojos del primero el segundo estará en una situación más cercana a la inmovilidad, y ello a pesar de que el segundo se esté moviendo a los ojos de un espectador inmóvil.

Gabriel Boragina

No hay situaciones correctas o normales objetivamente, sólo observamos situaciones diferentes a las que calificamos – conforme con una particular escala de valores- como buenas, malas, normales o anormales, etc.

Yo no quiero caer en la tiranía de las palabras. La palabra ha de ser instrumento del entendimiento, pero no puede reemplazar al objeto designado. Como el lenguaje es un instrumento convencional debemos explicarnos cuando utilizamos palabras en forma diferente al lenguaje convencional. Por ello, de los ejemplos que di, al primero lo llamo con la palabra **armonía** y al segundo lo designo con la palabra **equilibrio**. Así designados, la palabra *equilibrio* pasaría a representar una situación estática, mientras que la palabra *armonía* una situación dinámica. En este sentido la palabra equilibrio representaría ausencia de cambio, en tanto la palabra armonía representaría secuencia de cambios que se complementan entre sí.

Esto también es lo que parece derivarse de las definiciones que nos da el diccionario de ambos términos. Veámoslas.

armonía:
(gr. *harmonía) f.* Arte que trata de la formación, sucesión y modulación de los acordes musicales.
2 Conjunto de sonidos agradables al oído; por ext., en el lenguaje hablado, combinación de sonidos, cadencias y acentos que resulta grata al oído: *la ~ del canto; ~ imitativa; la~ de un verso.*
3 fig. Conveniente proporción y concordancia de unas *cosas con otras: la ~ del cuerpo humano.*
4 fig. Amistad y buena correspondencia: *vivir en buena ~. También harmonía.* 16

16 "armonía"[53]

equilibrio
Del lat. *aequilibrium.*
1. m. Estado de un cuerpo cuando fuerzas encontradas que obran en él se compensan destruyéndose mutuamente.
2. m. Situación de un cuerpo que, a pesar de tener poca base de sustentación, se mantiene sin caerse.
3. m. Peso que es igual a otro y lo contrarresta.
4. m. Contrapeso, contrarresto o armonía entre cosas diversas.
5. m. Ecuanimidad, mesura y sensatez en los actos y juicios.
6. m. Fís. Estado en el que se encuentra una partícula si la suma de todas las fuerzas que actúan sobre ella es cero.
7. m. Fís. Estado en el que se encuentra un sólido rígido si las sumas de todas las fuerzas que actúan sobre él y de todos los momentos de las fuerzas que intervienen son cero.
8. m. pl. Actos de contemporización, prudencia o astucia, encaminados a sostener una situación, actitud, opinión, etc., insegura o dificultosa.[54]

Observamos que las connotaciones son bastante parecidas, pero, de todos modos, las significaciones relativas no lo son tanto. La armonía da la idea de un estado agradable (sea al oído, a la vista o a cualquiera de los sentidos) en tanto que equilibrio da la idea de inmovilidad, de inacción. La armonía es dinámica, en tanto que el equilibro es estático. De cualquier manera, como hemos

---

[53] Enciclopedia Microsoft® Encarta® 99. VOX - Diccionario General de la Lengua Española, © 1997 Biblograf, S.A., Barcelona. Reservados todos los derechos.

[54] Real Academia Española © Todos los derechos reservados

dicho, no tiene demasiada importancia discutir sobre cuál es el significado más preciso, en tanto se aclare debidamente que se quiere decir con una o con otra palabra. No habría tampoco inconvenientes si se los quiere usar como sinónimos.

Al romperse el equilibrio que describimos arriba, existe una suerte de desaparición del estado anterior a la ruptura. Sin embargo, en una situación armónica, tal separación no se produce, el estado anterior no desaparece por completo, más bien el estado que le sucede complementa al estado anterior. Así fuerzas armónicas serían, no fuerzas que se contrarrestan (equilibrio) sino fuerzas que se complementan. El resultado de fuerzas en equilibrio es nulo, de suma cero, pero el resultado de fuerzas en armonía es positivo, ni nulo ni negativo. El equilibrio es nulo (no suma), pero no negativo (porque tampoco resta). Negativo sería un desequilibrio que implique regresión y no progreso, es decir; el pasaje de un estado 1 a un estado 0. O sea, la situación en el momento dos es de un estado menos satisfactorio que el precedente. Esto sería retroceso. El estado de fuerzas en equilibro siempre será de suma cero, en tanto que el resultado de fuerzas armónicas será siempre positivo, de ser negativo no podemos hablar de armonía y tampoco de equilibrio. Compensación -en un estado de armonía- no implicaría, en este sentido, contrarrestar, sino complementariedad. Por lo que corresponde concluir que compensación será el resultado de fuerzas en equilibrio, y complementación será el de fuerzas en armonía o que armonizan.

Armonía y atemporalidad.

Pasado, presente y futuro serían diferentes estados del tiempo. La noción de armonía sería perfectamente aplicable tanto a las nociones contrapuestas de tiempo objetivo y tiempo subjetivo. Lamentablemente, prevalece la opinión de un tiempo lineal. En nuestro parecer, tal tiempo físico es inexistente, toda vez que no se conocen ni partículas ni ondas del tiempo. De allí en más,

El Tiempo

todo lo que pueda decirse en torno a un tiempo "físico", no es más que una mera especulación teórica sin base empírica alguna ya que no es contrastable ni manipulable en el laboratorio. Hasta tanto no se demuestre la existencia del tan famoso "tiempo físico", sostendremos su inexistencia como tal.

Sustentamos -en cambio- la existencia de un tiempo subjetivo, cuya realidad física viene dada por cada uno de los sujetos que existen en el mundo. Opinamos que este tiempo no es lineal, sino cíclico y cuyo movimiento, estaría dado de manera análoga a una espiral de Arquímedes (ver Espiral universal.). Al no ser lineal no sigue la famosa "flecha del tiempo". Vale decir, no va desde el pasado hacia el futuro, sino que, si bien tiene una tendencia a hacerlo de ese modo, regresa del futuro hacia el pasado manifestándose en los diversos estados de situaciones, cosas y personas, a veces en parte, otras veces en todo. La expresión "armonía del tiempo" tiene ese sentido en este texto. Los diferentes estados temporales se compensan entre sí en forma coordinada, el pasado suscita el presente, el presente al futuro y este al pasado, de la misma manera que las diferentes estaciones climáticas se suceden unas a otras en permanente rueda.

Que nuestra capacidad humana sea limitada para percibir las regresiones del futuro hacia el pasado no implica por sí mismo que ellas sean inexistentes. La palabra "imposible" es una barrera poderosa y -a la vez- una mala costumbre humana que niega los avances científicos y los descubrimientos. De no vencer el obstáculo que representa tan nefasta palabra, ningún progreso hubiera sido realizable, y el hombre continuaría viviendo en cavernas y cubierto de harapos como vestiduras. Decir "imposible" ante cualquier idea que no haya sido empíricamente ensayada, no es más que una regresión atávica, cuando se quiere significar como *absolutamente imposible*, lo que no es igual a decir imposible *por el momento*. Las diferencias entre ambas expresiones son sustanciales.

Volviendo al tiempo subjetivo, decíamos que este "transcurre" en forma armoniosa y no lo hace en el sentido de una flecha que se desplaza sobre una recta, sino que su movimiento (de tenerlo o suponerlo) es espiralado. La cuestión del "movimiento" del tiempo es bastante discutible como ya dejamos sentado. En realidad, opinamos que los únicos, que se mueven son los sucesos y los estados que esos sucesos contribuyen a formar. Es aceptable hablar de "movimiento" del tiempo en la medida que los sucesos y estados se asocien a categorías temporales. Si esa asociación se juzga indisoluble, entonces tiempo, sucesos más estados, pasaran todos a ser casi una misma cosa, un conjunto que se mueve al unísono. A su vez, sostenemos que los estados son reversibles. Esto torna reversible el tiempo, ya que pasado, presente y futuro no son más que simples estados temporales. Muchos hemos tenido la experiencia de volver al pasado o estar posicionados en el futuro, de alguna manera "descentrados" respecto de nuestros calendarios y relojes. Estas experiencias no son meramente psíquicas o imaginarias como dicen los autores materialistas. Sostenemos que van mucho más allá, tratándose de verdaderas situaciones vitales. Tenemos la posibilidad personal de posicionarnos ya sea en el pasado, en el presente o en el futuro, aunque ese pasado, presente y futuro no coincida exactamente ni aproximadamente con el de cualquier otra persona.

La atemporalidad subjetiva viene dada precisamente por la posibilidad de transportarnos de un espacio temporal hacia otro. Siguiendo el principio hermético del ritmo (véase El Kybalión) si bien, como dejamos dicho, el tiempo, de tener movimiento, lo hace en dirección del pasado hacia el futuro y en forma regresiva del futuro hacia el pasado, el ser humano como dotado de libre albedrío (y del poder divino) puede polarizarse a voluntad en cualquiera de estos puntos. Y podría -si lo deseara- permanecer en cualquiera de ellos de manera indefinida.

Como dijimos antes, estoy firmemente convencido que somos seres esencialmente atemporales que nos hemos temporalizado al comienzo por razones de conveniencia, para poder coordinar acciones con otras personas en el diario vivir. Posteriormente, perdiendo el recuerdo del comienzo de la temporalidad, adoptamos la temporalidad como algo no sólo natural sino imposible de vencer. De esta manera rompimos la armonía natural con la cual El Creador ha dotado a toda Su creación. En esto consiste el llamado Pecado Original bíblico en mi opinión.

Sabemos que la desarmonía y el desequilibrio son recurrentes en todos los asuntos humanos ¿por qué no habría serlo en este? Quizá este es uno de los más notorios. La humanidad parece debatirse entre dos impulsos contrarios, uno hacia el equilibrio estático y otro hacia el desequilibrio, ambos malsanos como hemos explicado; el primero por ser de signo nulo, el segundo por ser de signo negativo. En este cuadro la armonía sobreviene como impulso divino u obra de Dios, algo así como un ejemplo divino en el que El Creador trata de demostrarle al hombre la dirección correcta, dirección que el hombre procura ignorar una y otra vez. La Naturaleza apunta hacia un equilibrio dinámico.

La armonía está dada por la tarea humana de combinar en forma adecuada pasado, presente y futuro, actividad poco simple si se parte de la premisa del divorcio absoluto que la gente suele trazar entre estas tres categorías, sea en el plano subjetivo o bien objetivo. Creo oportuno hacerle presente al lector que cuando no hago distingos entre lo objetivo y lo subjetivo ello es porque lo que afirmo en ese momento lo considero aplicable tanto a un plano como al otro. En el caso que lo creo indispensable, realizo las aclaraciones pertinentes.

Gabriel Boragina

Convertirse en el señor absoluto de su tiempo personal devolvería al hombre muchas de sus cualidades divinas, toda vez que su Creador es esencialmente atemporal, por eso se le llama también el Señor del tiempo, ya que al ser Creador de todo es dueño absoluto del mismo, con potestad de dominio sobre su creación. Nosotros los hombres también deberíamos ser señores de nuestro tiempo, aquel que creamos nosotros sin saberlo, ignorándolo por completo y atribuyendo su existencia a un mítico fenómeno natural externo a nosotros. Atemporalidad es decidir, crear y administrar nuestro tiempo. Darnos todo el tiempo que necesitamos, crearlo y destruirlo, ahorrarlo o malgastarlo. Todo nos es posible con nuestro tiempo personal o subjetivo, que no depende de un tiempo externo, objetivo, físico o convencional. El tiempo subjetivo es un tiempo físico-biológico-psíquico. Combina las tres condiciones, las que son regidas y coordinadas por la mente humana y Supra humana.

La atemporalidad es armonía pura. El principio de generación actúa activamente en un marco armónico. Disponemos de todo el tiempo que deseemos o necesitemos. Sólo falta que lo sepamos, y -una vez conocido- que nos convenzamos de ello.

La armonía no es equilibrio estático, es algo así como un desequilibrio positivo, o -mejor decir- un equilibrio dinámico, ya que la consecuencia de las fuerzas que interactúan en un fenómeno cuya resultante es armonía, son de signo positivo, porque como se complementan compensando sus fuerzas, el efecto es algo más que una simple sumatoria. Un estado armónico implica una progresión geométrica y no aritmética.

El Control.

La expresión "controlar el tiempo" llama a confusión, se usa a menudo, pero en un sentido diferente al que parecería tener en una primera impresión. "Controlar el tiempo" alude a su eco-

El Tiempo

nomía, a la frase más conocida como "no perder el tiempo". Y en estas locuciones frecuentes subyace la idea de que el tiempo es un recurso escaso. La idea de la escasez del tiempo viene dada también por el error de considerar que el tiempo es una magnitud absoluta y no relativa. Este error existía antes de Newton y fue reforzado con los descubrimientos de Newton. Hubo que esperar hasta Einstein para que la idea de una magnitud absoluta del tiempo se pusiera en entredicho. Pero ni aun la teoría de la relatividad ha logrado conmover la noción (y popular aceptación) de un tiempo absoluto. Si se considera al tiempo como una magnitud absoluta, fácil es decir que el mismo no resultaría controlable. La expresión "economizar el tiempo" se refiere en forma más concreta a otra cosa. Alude a realizar tareas provechosas o consideradas útiles, y no se refieren al tiempo en sí mismo, sino a las actividades que se piensan que se realizan en una escala temporal. Por eso decíamos, que la palabra es verdaderamente equivoca, ya que se la usa en un sentido diferente al que pareciera tener. No obstante, yo en este libro hablo de "controlar el tiempo" en un significado estricto. Es decir, no considerando el tiempo como una magnitud absoluta, sino como una magnitud relativa, susceptible de ser modificada. Para ello, parto de mi tesis de un tiempo relativo, personal, individual de cada cual. "Controlar el tiempo" no equivale -en este libro- a "hacer lo que se debe hacer" o hacerlo en el "menor tiempo posible". Nada de eso. "Controlar el tiempo" simboliza aquí, manejar el tiempo[55] y no las actividades que se desarrollan "dentro" de él. En otras palabras, quiere decir, prolongar el tiempo, mantenerlo estable o bien reducirlo. Es decir, resumiendo, modificarlo a gusto, actuar sobre el tiempo, manejarlo a él y no él a nosotros. Eso representa en este texto la voz "controlar el tiempo". El primer paso para este objetivo cosiste en reconocer nuestra temporalidad individual, lo que implica de-

---

[55] Entendido como estado mental o creación subjetiva.

jar de pensar en una escala temporal uniforme y válida para todas las personas y cosas existentes. Este primer paso quizá sea él más costoso por toda la carga cultural que nos sobrepasa, en el sentido de la existencia de un tiempo físico, objetivo y -como tal- externo a nosotros, y que, además, se nos impone a todos por igual.

Superar esta falacia educativa-cultural es muy complejo porque hemos internalizado profundamente -a fuerza de repeticiones constantes a lo largo de nuestra existencia- la idea de un tiempo físico, objetivo. Se podría decir, que este primer paso también forma parte del programa tendiente a "controlar el tiempo", ya que abandonar ideas erróneas sobre la falacia "tiempo" es una manera de controlarlo, o al menos comenzar a hacerlo. De modo tal, que sería el primer paso y el más importante.

Una vez que tomamos conciencia de nuestra temporalidad relativa, a partir de ahí la tarea se simplifica en forma notable. El próximo paso en esta labor sería incorporar a nuestras psiques el concepto de a-temporalidad. En palabras sencillas, darnos cuenta que; no somos seres temporales como nos enseñaron y como actualmente creemos, sino que somos seres atemporales que nos hemos temporalizado por múltiples razones, algunas de las cuales intentamos explicar en este libro.

Quizá la razón más importante de habernos temporalizado reside en nuestra exigencia de seguridad y la necesidad psíquica de contar con certezas, no sólo propias sino también referidas al mundo que nos rodea. Es de hacer notar, que muchas personas tienen intermitentemente conciencia de su atemporalidad. En el ámbito inconsciente se ha señalado que esta conciencia de a-temporalidad surge, además, durante el sueño, donde muchas veces perdemos referencia de tiempo y lugar.

Controlar el tiempo tendría muchas consecuencias prácticas sumamente beneficiosas. Entre ellas, por ejemplo, perdería-

El Tiempo

mos la noción y la conciencia de que el tiempo "se pierde" en el sentido de que se "derrocha" de manera irrecuperable. El tiempo psíquico y subjetivo es un recurso renovable a perpetuidad y esa es otra característica que lo diferencia de un tiempo objetivo y físico, en nuestra opinión, inexistente.

Controlar el tiempo es muy útil desde el punto de vista práctico. Dejaríamos de depender de los relojes y calendarios convencionales, y estableceríamos nuestro propio tiempo de duración. Adquiriríamos la habilidad de dilatar la llegada de situaciones desagradables, nos permitiría pasar más tiempo en actividades atractivas, y lo mejor de todo esto es que, desde el punto de vista de relojes y calendarios, la medición de tales eventos sería uniforme para todo observador externo, excepto para nosotros.

En este contexto, por ejemplo, una hora dejaría tener sesenta minutos, o bien, aun conservando una estructura de medición de sesenta minutos, desde punto de vista de nuestro reloj interno podría tener más o menos minutos. La cuestión se relativiza más todavía cuando adquirimos conciencia que las palabras **horas** y **minutos** designan cosas que no tienen existencia física, tratándose de meras convenciones. Una "hora" de nuestra vida en un tiempo subjetivo, podría tener tanto 10 minutos, como sesenta, como ochocientos mil, etc. Las "horas" de nuestro tiempo subjetivo no son todas iguales, no son todas uniformes, no son todas matemáticamente idénticas. Lo son en el tiempo convencional, pero simplemente por razones convencionales y prácticas en el fondo, pero no están reflejando la realidad de un tiempo propio. Podrán quizá manifestar la realidad de un tiempo de otra persona o bien de otras personas en su conjunto. Podría ser que la hora de los demás tenga sesenta minutos ¿por qué no? Pero la realidad natural indica que el mundo sensible es diverso, por lógica el tiempo –si existiera- también tendría que serlo. Entonces, incluso intuitivamente la idea de un tiempo "uniforme" es contraria a la naturaleza.

Y así como se crea la vida, también se crea tiempo. Como la vida crea vida, puede crear tiempo. De allí que el tiempo sea un recurso renovable. Podemos crear de él la cantidad que necesitemos. Sólo se tornará escaso en la medida en que así lo creamos.

La clave –o segundo paso- estaría en crear nuestras propias medidas temporales en el ámbito interno y para manejo propio. Nuestras propias escalas temporales no serían de mucha utilidad a otras personas, lo cual es perfectamente comprensible desde la tesis que postula que cada persona tiene sus propios tiempos individuales. Nuestro reloj interno no sería muy útil ni siquiera a una persona muy allegada a nosotros, de la misma manera que es muy difícil que nuestra vestimenta y calzado se ajusten a la perfección al cuerpo de otra persona. Siempre algún retoque, algún remiendo habrá que hacerle para que quede a medida. Y, a veces, ni siquiera así será posible.

La idea base de esto es la desigualdad natural y biológica que se observa por doquier o que bien puede deducirse a través del adecuado uso de la lógica. Si no existe nada igual en la naturaleza, el tiempo –otra vez, de existir- tampoco sería igual en todos los casos. Controlar el tiempo es reducir, mantener o ampliar espacios temporales, olvidándose de los instrumentos que otros usan para medirlo. La pregunta de rigor es ¿cómo se hace? Y la respuesta es obvia en el contexto de lo que aquí decimos: primero reconocer la existencia de diferentes tiempos. Admitir que relojes y calendarios no *son* el tiempo real. Segundo, reconocer que cada uno tiene sus tiempos propios. A partir de ahí el tercer paso es aprender a reconocer o descubrir nuestro tiempo personal. Una vez logrado esto, descubierto y detectado nuestro tiempo personal, desde allí podemos comenzar la tarea de intentar su control. Nuestro tiempo subjetivo es en realidad nuestro tiempo objetivo,

El Tiempo

objetivo en un sentido personal, porque es evidente que existe solamente para nosotros. En realidad, más que la palabra "objetivo" lo correcto sería llamarlo "real". La diferencia parece sutil; pero el término *objetivo* evoca algo que es evidente para todos los observadores externos, incluidos nosotros, en tanto que "real", si bien podría tener una connotación semejante a "objetivo" da la idea de algo más personal. Una situación o una persona pueden ser reales para uno, pero no para otro.

Sostengo que podemos controlar nuestro tiempo personal pero no podemos controlar el tiempo ajeno, de la misma manera y como lógica derivación, del hecho de que no podemos controlar los pensamientos de otras personas. Dado que el tiempo subjetivo, es precisamente **subjetivo**, el único tiempo subjetivo controlable es el propio y no el de otros. Podemos si explicar esta tesis a otras personas y lo máximo que podemos decirles es que son dueñas de un tiempo propio subjetivo y que pueden controlar si verdaderamente se lo propusieran. Incluso podríamos explicarles como nosotros controlamos nuestro tiempo (en el caso que sepamos cómo hacerlo). Lo que no podríamos hacer –a mi modo de ver- es controlar el tiempo de otros, es decir, manejar su tiempo. Quizá técnicas de control mental, telepatía u otras habilidades psíquicas a distancia podrían lograrlo. Pero yo no lo sé a ciencia cierta. Creo en la influencia mental. Posiblemente una influencia mental muy aguda pudiera controlar el tiempo de otras personas. Podría quizá llegar a inducirse a acelerar, mantener o disminuir el tiempo de otras personas. No es un terreno en el que haya investigado demasiado. Tal vez sea tema para otro libro. Por el momento, sostenemos la tesis de que el único tiempo que sí parece controlable es el tiempo propio, individual de cada persona, aun cuando la mayoría de las personas no sabemos muy bien cómo hacerlo. Provisionalmente, tenemos la evidencia subjetiva que los sucesos no los vivimos en dimensiones temporales uniformes, ya que intervienen otros factores que -erróneamente- decimos "distorsionan" nuestra percepción del tiempo. Esto, el afirmar algo semejante, es inducido por la falacia de un tiempo objetivo. Pero en realidad es falso que "distorsionamos" nuestra percepción del tiempo, porque, como hemos dicho, sólo puede *percibirse* lo que tiene existencia física externa, y como el tiempo no tiene existencia física externa no puede percibirse. Al no poder percibirse es incorrecto hablar de la "percepción" del tiempo, lo que, en definitiva, lleva a que sea incorrecto hablar de "falsas percepciones" de algo que no puede ser materialmente percibido.

Si no tenemos reloj y estamos en el desierto o en una isla solitaria, la "percepción" del tiempo pasa a ser la percepción que tenemos de los diferentes momentos del día. Para tener la sensación de que –por ejemplo- ha pasado una hora en nuestra isla desierta, previamente tenemos que traer del mundo de la civilización, el aprendizaje del concepto "hora de sesenta minutos". Si careciéramos de dicho concepto aprendido en la escuela de niños, sólo veríamos el cielo oscurecerse o aclararse de acuerdo a los "movimientos" solares o lunares, pero nada sabríamos -en un estado salvaje- de horas, minutos y segundos. Esos son conceptos culturales dados por la civilización, pero no son objetos del mundo físico sensible. (Ver lo dicho en Capítulo 3)

De la misma manera que podemos controlar nuestras habilidades físicas o psíquicas con el adecuado entrenamiento, de esa misma forma podemos controlar nuestro tiempo subjetivo. No lo hacemos porque vivimos bajo el embrujo y el engaño de un tiempo externo objetivo y uniforme para todo y para todos. Sólo está falacia impide vivir y controlar nuestro tiempo personal.

Lograr independizarnos de la errónea idea de un tiempo objetivo externo sería un paso trascendental en una cultura completamente dependiente de un "tirano" creado por la propia cultura que le dio origen. Vivir sin la conciencia de un tiempo externo es altamente liberador y son muchas las situaciones en que

El Tiempo

las personas pueden comprobarlo. No sería raro que el lector al leer estas palabras encasillara estos dichos dentro del terreno de lo sorprendente e increíble, incluso de la ciencia-ficción o hasta envuelto en el esoterismo. El problema de una reacción así, que sería muy común y por serlo estaría justificada, es que es guiada por los patrones culturales mayormente aceptados y que nos blindan contra el ejercicio de la imaginación y el pensar independiente. En otros lugares nos hemos ocupado de a quienes favorece educarnos de esa manera tan limitadora. Lo cierto es que la cultura condiciona, y nuestra cultura occidental es bastante condicionada y condicionante, conteniendo muchos rasgos de primitivismo como también hemos expuesto en otras oportunidades.

Hay una suerte de control inconsciente del tiempo que todos hacemos y de la cual muy, pero muy pocas veces nos percatamos. El control del tiempo se opera desde la mente conforme al principio hermético del mentalismo que aquí seguimos para este tema y que quedó expuesto en el libro *El Kybalión*. Resumidamente, este principio reza que el universo es mental. Todo lo que vemos materializado fue primero una idea y -en alguna medida- sigue siéndolo, sólo que dicha idea ha cobrado materialidad. El tiempo también es una idea creada por la mente y desde allí se controla, se domina, si bien la mente puede darle poder para que nuestra propia creación nos domine (cosa que le sucede, lamentablemente, a la gran mayoría de las personas).

Como producto mental, pasado, presente y futuro se hallan todos localizados en nuestra mente. Permanentemente viajamos de manera mental por el pasado, por el presente y por el futuro. Vamos y volvemos de uno a otro sin mucha conciencia de ello. ¿Por qué? Porque al ser educados y convencidos de que el único tiempo real es el de los relojes y calendarios, aceptamos sumisamente dicha idea y cuando tomamos conciencia de que nuestro tiempo interno difiere del externo, llamamos a nuestro tiempo interno erróneamente "percepción" del tiempo, y no lo reconocemos como el tiempo verdadero (ver Capítulo 3).

Nuestra mente es soberana y tan soberana es que posiciona nuestro cuerpo físico en diferentes dimensiones temporales. Aun cuando tengamos la ilusión de estar situados físicamente en un presente continuo, ello no es así, o al menos no lo es en forma permanente. De hecho, evocamos sucesos y personas del pasado, o bien proyectamos hechos, personas, cosas etc. hacia el futuro, entiendo por tal lo que haremos en el momento siguiente. Ello hace que en forma permanente nos estemos desplazando por el tiempo, el único tiempo existente, nuestro tiempo real.

Algunas expresiones utilizadas en forma simbólica y casi de manera inconsciente revelan verdades físicas. Seguramente el lector habrá escuchado decir de alguien "esa persona vive en el pasado" o "en el futuro". Más allá del acierto o error que un tercero pueda tener acerca de otro (generalmente, los juicios sobre otras personas siempre son - o la mayoría de las veces al menos-, equivocados) la expresión, dicha en forma metafórica, representa, en muchos casos, una realidad. Ciertamente casi todos vivimos a veces en el pasado, otras veces en el presente y otras en el futuro. Y, por cierto, difiere la cantidad de veces que nos desplazamos y permanecemos en esos estadios.

Lo dicho es reconocido como cierto por parte de los psicólogos para los sueños que tenemos dormidos. Pero también lo es, aunque menos reconocido por los psicólogos, para los estados de vigilia.

Con esto pretendemos ampliar lo que hemos dicho cuando afirmamos que los seres humanos podemos crear tiempo y no meramente consumirlo. Agregamos a ello ahora, que además de crear tiempo podemos desplazarnos a lo largo de él como si fuera un camino que puede transitarse en un sentido o bien en otro

El Tiempo

diferente. Cuando, por ejemplo, hablamos de recrear el pasado, eso es literalmente lo que hacemos si verdaderamente esa es nuestra intención. El pasado vuelve en nuestra mente, pero como el principio del mentalismo afirma que toda creación es mental (creación aquí en sentido material) el pasado así pensado tiende efectivamente a materializarse. Controlar el tiempo se llama precisamente a controlar este proceso. Si ese es nuestro poder, lo racional es usarlo sabiamente, y si podemos recrear el pasado, es saludable traer de él lo que verdaderamente puede ser útil a nuestras vidas presentes y futuras. Es prudente desechar del pasado aquello que nos es inservible o que demostró serlo, o que bien hoy no podría tener ninguna utilidad, y traer del pasado al presente aquello que efectivamente aun hoy puede sernos útil, o que si bien no nos fue útil en el pasado en que lo conocimos si puede sérnoslo hoy. Esto equivale, en un símil material, a poseer una herramienta que durante el pasado no usamos –porque tal vez no nos era útil entonces- pero en el presente si puede reportarnos gran utilidad. Si bien dicha herramienta la adquirimos en el pasado, es en el presente el momento en el cual nos será útil.

Cuando evocamos una idea que ya pensamos en el pasado y la volvemos a pensar hoy, estamos actualizando el pasado. Traemos el pasado al presente. Obviamente esto sería imposible en el concepto del tiempo físico material de relojes y calendarios, el tiempo convencional. Pero es perfectamente factible en la dimensión subjetiva temporal individual. Si nos analizamos un poco introspectivamente, podremos advertir como en muchos momentos de nuestra vida viajamos por el tiempo de dicha manera.

El tiempo nos controla cuando somos víctimas del pasado o del futuro. Esto sucede cuando nos preocupamos o tememos la ocurrencia de sucesos. Alguien dijo, con bastante acierto, que la preocupación se refiere al pasado en tanto que el temor se orienta hacia el futuro. Normalmente cuando decimos preocuparnos por algo que vendrá en realidad lo que queremos decir es que tememos un acontecimiento futuro en tanto respecto del pasado sólo puede preocuparnos. Controlar el tiempo significa lograr independencia emocional con relación al pasado y al futuro. Pero por sobre todas las cosas tomar conciencia de que – contrariamente a lo que se suele pregonar- sí, podemos cambiar el pasado y el futuro. No hay inconvenientes en afirmar que tales cambios siempre se operan desde el presente. Por una cuestión de simplificación podría estarse de acuerdo con una afirmación de esta naturaleza.

De mi lado, me parece más correcto afirmar que las situaciones que se nos presentan a diario las vamos analizando desde distintas dimensiones temporales. Algunas situaciones presentes las resolvemos con ideas del pasado o bien vamos hacia el futuro, extraemos ideas desde allí y volvemos al presente para aplicarlas, o no.

El Tiempo

193

Gabriel Boragina

El Tiempo

Capítulo 10. Métodos alternativos para contabilizarlo.

No cabe objetar la metodología actual empleada en el ámbito mundial para contabilizar el tiempo objetivo, pero no puede decirse lo mismo de la contabilización del tiempo subjetivo. Desde luego, como ya hemos expresado, la mayoría de las personas registra su tiempo subjetivo de la misma manera, o con la misma metodología utilizada para cuantificar el tiempo objetivo, es decir, utilizando relojes y calendarios oficiales. Por "oficiales" entendemos "convencionales" y en esta locución involucramos también a las diferentes confesiones que utilizan métodos no occidentales para contabilizar el tiempo, como, por ejemplo, las religiones judías e islámicas, que se rigen por calendarios diferentes, y mantienen otra cronología. Aquí no hablamos de estas cuantificaciones que se refieren a un tiempo "oficial" o "convencional" que carece de existencia física. Vamos a hablar en este apartado del único tiempo que reputamos existente, es decir, el tiempo subjetivo, el tiempo individual o personal de cada individuo. Pero, en este punto, nos encontramos que, por su propia naturaleza, el tiempo subjetivo no puede ser contabilizado de manera objetiva, caso contrario, caeríamos en una grosera contradicción. Lo que en este tema se diga deberá ser adaptado por cada cual, y cada persona es libre de cuantificar su tiempo subjetivo de acuerdo a diferentes tipos de parámetros. Un criterio orientativo puede darse con referencias objetivas, tales como los sucesos. Los diferentes sucesos que acaecen en la vida de los individuos tienen desigual significación para cada uno de ellos. Puede decirse que en la medida en la que un suceso permanece en la psique del hombre eso establece la duración del suceso.

Sostengo que en la medida que evocamos un suceso determinado, traemos al presente lo que otros consideran -desde el punto de vista de un observador externo-, un suceso del pasado. Podemos contabilizar el tiempo midiéndolo por la cantidad de sucesos significativos de nuestra vida. Hay sucesos que son muy importantes para una mayoría de personas, tales como el matrimonio, un nacimiento, una graduación académica, la compra del primer auto, ganar un torneo o campeonato, un divorcio, enamorarse de otra persona, etc. Nada impide contabilizar el tiempo de conformidad con la cantidad de veces que esos sucesos se presenten en nuestra vida, o bien tomando como punto de referencia la intensidad con que dichos sucesos se nos presentan. No debe perderse de vista que hablamos siempre de criterios personales, que son modificables por cada individuo. En esta misma línea, las experiencias de vida también son un patrón válido de cuantificación del tiempo. Estos juicios y otros más que podrá aportar la imaginación del lector, son verdaderamente útiles y prácticos a la hora de desprenderse de relojes y calendarios convencionales para medir el tiempo propio.

Sabido es que las personas son diferentes y viven los acontecimientos de manera diferente[56]. Algunos hechos marcan a ciertas personas. Para otras, esos mismos hechos son absolutamente intrascendentes. Determinadas experiencias negativas pueden menoscabar la salud y abreviar la vida de algunos, en tanto que esas mismas experiencias no tendrán influencia alguna en otras personas, o -en otros casos- fortalecerán, vivificarán y energizarán a un tercer grupo. Se dice que las experiencias positivas favorecen la salud física y psíquica y esto redunda en una mejor calidad y cantidad de tiempo a disposición del individuo en cuestión. Pero esto dependerá de cada persona. Mas que la experiencia será la actitud la que defina el sentido positivo o negativo.

Uno puede regirse por los calendarios oficiales y/o convencionales para cumplir con sus obligaciones tributarias o laborales o para acordar con un vendedor o un comprador sobre una determinada operación comercial. Pero no necesita regirse por estos calendarios convencionales para cuantificar su tiempo personal vital, el tiempo de su existencia. Contra esto choca la tendencia de la humanidad –influida por doctrinas colectivistas y de izquierda- a masificarse y uniformizar usos, modas y costumbres, entre ellas, la medición del tiempo, de manera tal que como reza el dogma colectivista, el tiempo sea el mismo para todos, así como quieren igualar a todos en todo lo demás, incluso bienes y servicios. Pero estas doctrinas son contranaturales y perniciosas -a nuestro juicio- y llevarse por ellas sólo transporta a la degeneración, secuela esta del *espíritu de manada* que tales colectivismos nos imponen o pretenden imponernos.

Productos del colectivismo son la tendencia ampliamente aceptada de dividir a las personas en clases sociales, grupos de

---

[56] Y esto a pesar de que el socialismo quiera igualarlas.

edad, razas, religiones o cualquier otro ente colectivo que implique desconocer la realidad de la individualidad, unicidad y diferenciación del ser humano. Un tiempo subjetivo es un tiempo individual, y como hemos anticipado, cada uno podría intuitivamente crear métodos alternativos para medir su tiempo personal. Todos hemos tenido la experiencia de que una "hora" del tiempo oficial parece más o menos tiempo dependiendo de lo que hagamos, de con quién estemos y del lugar en el que nos encontremos.

Si deseamos seguir manejándonos con las palabras "horas, minutos, segundos, etc." podríamos ajustar la duración de las mismas a criterios diferentes a los externos y que se acomoden más a los internos. En esta línea de ideas, una "hora" podría dejar de tener 60 minutos, es decir, podría tener más o menos de 60 minutos. Todo dependerá de lo que hagamos, de con quién lo hagamos, de sí lo hacemos solos, en un lugar u en otro. Si el tiempo no existe y por lo tanto no tiene en sí mismo influencia alguna en nosotros, la forma de medirlo puede ir variando de acuerdo a nuestras vivencias y criterios personales. No es en última instancia un tema relevante en manera alguna. Hay sucesos que parece que nos hicieran "vivir mucho" o "muy aceleradamente", otros sucesos pasan de manera intrascendente por nuestra existencia, otros ni siquiera los registramos. El recuerdo es una pauta de gran valor para medir el tiempo. Pero ¡atención! nos referimos al recuerdo de sucesos y no a la de fechas del calendario como estamos acostumbrados. Un suceso "lejano" según el calendario oficial puede ser cercano e inmediato de acuerdo a nuestro tiempo subjetivo. La verdadera naturaleza del tiempo subjetivo es cíclica. No sólo opera hacia delante, sino que también opera hacia atrás. En un fluir rítmico, pasado y futuro se compensan y se sintetizan en un presente. Los humanos nos esforzamos siempre por destruir esta armonía natural, tanto del microcosmos como del macrocosmos, creyendo -como dogma de fe- en un tiempo que solamente se mueve en una dirección, hacia

El Tiempo

delante. Pero el tiempo no se mueve, sólo se mueven los objetos cuyo movimiento queremos controlar con el artilugio del tiempo. Dado que los años, meses, días, horas, etc.; oficiales no tienen existencia física, en tanto que los sucesos sí la tienen, un método más realista de medir el tiempo es reemplazando los años, etc. por sucesos. A primera vista podría parecer poco práctico el sistema, pero esto es sólo una ilusión producto de siglos de acostumbramiento a un sistema ficticio de contabilidad como es el anual, mensual, horarios, etc. y como se ha dicho, resulta un parámetro mucho más realista que el ficticio de los años, meses, días, horas y minutos. Realista, porque se ajustaría más a la realidad individual de cada persona. Sería sumamente más equilibrado contabilizar -por ejemplo-nuestra edad en sucesos o experiencias como unidades de medida. Eliminaría muchas de las diferencias artificiales que crea la contabilidad en años, meses, etc. Por ejemplo, hay personas que durante años no experimentan ningún suceso significativo en su vida, o bien sucesos instantáneos en primera instancia tienen efectos prolongados en la vida de otros. Por otra parte, los sucesos significativos en la existencia de la mayoría de las personas no son demasiados, esto eliminaría la necesidad de largas contabilidades anuales.

Los sucesos significativos perduran en la psique del hombre y producen modificaciones en el mismo, tanto psíquicas como físicas, en tanto los sucesos rutinarios al no dejar enseñanza alguna desaparecen con rapidez, no resultando relevantes para la cuantificación.

La edad de la gente contabilizada en sucesos como unidad de medida temporal, permitiría que las personas se agrupen por afinidad de sucesos o bien por disparidad de ellos, de modo tal de aprovechar de la experiencia de otros. Gente con idéntica o variada cantidad de sucesos vitales se agruparía espontáneamente conforme a los objetivos que la agrupación persiga.

Gabriel Boragina

La contabilidad podría organizarse de otra manera teniendo como criterio la significación del suceso. En fin, queda abierto a la imaginación de cada uno como preferiría contabilizar su edad. Incluso la misma persona podría tener edades diferentes en momentos diferentes o bien para personas diferentes; podría tener una para los amigos, una para la familia, otra para los negocios o según el tipo de actividad que desarrolle.

Otro criterio excelente y mucho más realista que el calendario es contabilizar la edad por medio de los estados de ánimo. Las emociones son sumamente significativas en nuestra vida (sean estas negativas o positivas) y casi todos percibimos como nos suman o restan felicidad.

Sin duda, el mundo se organizaría de otra manera, la cultura se enriquecería notablemente, y la gente se aproximaría mucho más al conocimiento de sí misma y de sus personales ciclos vitales orgánicos. No hay ningún problema ni obstáculo a que una misma persona tenga diferentes edades simultáneamente, todas ellas reales, según para quien. Se puede tener una para el gobierno o para realizar trámites oficiales. Otra para la familia, otra para las actividades sociales, o en general, una para los demás y otra personal para nosotros. En el mundo real es esto lo que ocurre, pero lo ocultamos con la adopción uniforme y artificial de calendarios oficiales y relojes convencionales que "miden" un tiempo uniforme para todo el mundo. Algo ficticio.

Otros parámetros de medida pueden ser relaciones de otro tipo como la relación "tiempo-movimiento" o la relación "tiempo-experiencia", etc.

El Tiempo

201

Gabriel Boragina

Epílogo

Como conclusiones de este trabajo, deseo remarcar las ideas principales que quise dejar expuestas. Entre ellas, que no tiene nada de malo, creer en el "tiempo". Cada cual es libre de hacerlo. Sólo digo que impera y nos domina una idea pesimista acerca del tiempo al que hemos dotado de atributos de los que carece en el ámbito físico.

La idea fundamental de este texto es la imposibilidad de demostrar la existencia física del tiempo, ya que el mismo no puede detectarse, ni como partícula ni como onda, pese a lo cual se lo concibe como una cosa o como la otra, otorgándole atributos que, por los mismos motivos, jamás podría tener. Lo que llamamos "tiempo" es una mera construcción mental, idealizada de una manera tal que se habla de él y se lo piensa como un elemento físico en lugar de psíquico. El tiempo no es algo "dado", es una mera creación humana de orden psíquico y, como tal, no pasa de ser un mito cuando se le atribuyen condiciones físicas, tales como movimiento y cambio.

Como ideas centrales de esta obra me parecen las siguientes:

Gabriel Boragina

El mundo físico representa un estado de equilibrio mucho mayor al mundo psíquico y por ende al de la conducta humana. Los sucesos del mundo físico son más estables que los del psíquico. No obstante, la psique humana puede modificar a través de su interacción con el mundo físico la estructura de este último. De allí que una roca puede -a través de la interacción humana- convertirse en una escultura, aunque -no obstante- conservará su esencia de roca. En este sentido la roca permanece, es decir es estable pese a la trasformación de su forma.

Las principales teorías que acepta la ciencia siguen siendo -en sus fundamentos- las mismas desde la primera vez que se las formularon. Su vigencia demuestra que han sido inmunes a lo que llamamos "tiempo" (en su sentido convencional) la ley de gravedad formulada por Isaac Newton en el siglo XVII es (en su formulación principal) exactamente la misma que la ciencia enseña hoy en escuelas y universidades. No ha cambiado. En consecuencia, tenemos aquí un ejemplo de algo que no ha sido afectado por el "tiempo". Y en realidad -como sostenemos- eso que llamamos *tiempo* no puede -en rigor- afectar a nada, ni cuerpo físico ni psíquico excepto, claro está, que nuestra psique crea lo contrario.

En la página 154 y siguientes, hemos analizado las confusiones terminológicas con relación al tema de este libro. Lo que contribuye aún mucho más a la confusión conceptual es la terminológica, dado que se habla del "tiempo" como del "estado del tiempo" en referencia -en rigor- a las condiciones climáticas de cierto lugar.

Este error contribuye -aún más todavía- a identificar al tiempo con una noción física del mismo.

La sucesión de estaciones climáticas denominadas convencionalmente verano -invierno -otoño -primavera no prueban un "estado físico" del tiempo o -en el mejor de los casos- podrían probar que ese estado es reversible, ya que las estaciones climáticas se repiten incesantemente. No se multiplican ni se suman. No hay más que cuatro, y siempre son las mismas. No hay nuevas.

Si lo que llamamos "día" no es más que la manera en que denominamos el movimiento de rotación del planeta Tierra, lo que llamamos "estaciones climáticas" no es otra cosa que la manera convencional en la que designamos al movimiento de traslación de la Tierra en rededor del sol. Esto es: movimiento de cuerpos físicos, que nada tienen que ver con "el tiempo".

El movimiento de la Tierra y la inclinación sobre su eje, es lo que determina los diferentes cambios de clima. Lo que -en suma- se reduce a una cuestión de temperatura, por la cual, de acuerdo a ese movimiento de traslación, la temperatura en la tierra sube o baja dependiendo de en qué zona nos encontremos ubicados, la inclinación del eje de la Tierra, y la manera en que los rayos del sol caigan sobre la superficie terrestre.

Por ejemplo, no se pasa de un invierno a otro (como habitualmente se dice en forma equivocada) sino que lo que en la realidad ocurre es que la Tierra vuelve -en su permanente movimiento traslaticio- a ocupar la misma posición que había ocupado antes en el punto donde los rayos del sol llegan de manera tal que en el hemisferio que corresponda las temperaturas no sean lo suficientemente altas como para calificar al clima de la zona en cuestión como de "verano, otoño o primavera".

Se trata de una misma temperatura que, aunque sea medida de distintas maneras (hay varios sistemas para ello) refleja estados térmicos que llamamos *frío, tibio, caliente*, que se repiten, o revierten, en forma incesante. El "tiempo" (cronológico) no afecta esto, porque los 10° centígrados del año -por ejemplo- 1789 son los mismos 10° centígrados del año 1980. de igual manera que el resto de los grados de la escala térmica que sea.

Las que pueden cambiar son las condiciones físicas externas (como la mayor o menor calefacción artificial que el hombre haya podido provocar o disponer en una época y en la otra. Pero el estado físico natural no ha variado. En suma, no hubo ningún "tiempo" (en el sentido del falso transcurrir) que lo hubiera afectado.

Bien visto, llamamos "tiempo" a lo que recordamos. Es decir, confundimos el tiempo con la memoria, y si bien la memoria existe, no puede decirse lo mismo del tiempo, excepto que admitamos estar haciendo juegos de palabras, o usar dos vocablos distintos para designar a una sola misma cosa. El tiempo existe si recordamos. Si nadie recordara nada el tiempo (entendido como físico u objetivo) no existiría. Pero la memoria no es el tiempo ni este es aquella. Lo que recordamos son sucesos, y ya vimos que tiempo y sucesos tampoco son sinónimos. Entonces, llamamos "tiempo" a aquellos sucesos que recordamos y relacionamos con determinada fecha. Si esta relación no es posible, tampoco es posible el tiempo. Un calendario sin recuerdos o sin sucesos asociados a aquel no significaría nada, y la palabra "tiempo" sería una palabra sin sentido ninguno. En realidad, tanto la palabra como el concepto que ella pretende representar tampoco significan nada, por el solo hecho que se trata de una composición verbal, dado que no hay ningún elemento físico que intervenga como componente de ninguna *esencia* que se llame "tiempo".

La definición de un suceso es subjetiva, tanto como la de su comienzo y conclusión. No hay ningún parámetro físico ni objetivo que pueda tomarse como único y universal y que suplante el elemento subjetivo, que -en última instancia- es mental.

El Tiempo

Existe lo real, y lo que imaginamos real. No podemos percibir toda la realidad, sino una parte muy pequeña de ella. Y percepción y realidad no se oponen, sino que la percepción humana sirve precisamente para captar la realidad de las cosas. El "tiempo" es lo que imaginamos como "real" sin que lo sea. Solo tenemos conciencia de lo real a través de la percepción.

La expresión "volver el tiempo atrás" incide en el error de creer que el tiempo es algo físico. La palabra "volver" implica la idea de movimiento, de desplazarse un cuerpo de un lugar "X" a otro lugar "Y", habiéndose estado primero en "Y" y después en "X". Esto, sin embargo, es posible cuando se dan dos elementos simultáneos, a saber: un objeto fijo y otro móvil. El vocablo sólo es aplicable a este último, pero no al primero, ya que el objeto que se desplaza debe hacerlo en algún medio físico, de tal suerte que una persona caminando se desplaza -necesariamente- por sobre otro objeto físico (la tierra) que -sin entrar en mayores detalles de tipo relativista- viene a ser el objeto físico fijo.

El caso del avión es similar, porque se mueve en un espacio físico (atmosfera) como en el ejemplo de una nave espacial (estratosfera). Es decir, en medios que -a su vez- están compuestos por (o de) partículas u ondas.

Dado que el tiempo no tiene existencia fisca no se dan los dos elementos necesarios como para que tenga sentido la habitual y errada expresión "volver el tiempo atrás". No vemos al tiempo moverse de un lugar a otro o de un punto a otro de un determinado espacio geográfico. Mientras el espacio existe y puede medirse (y hasta cierto punto, porque el espacio estratosférico parece infinito) dado que lo vemos (sabemos -por simple intuición- que estamos ubicados encima o dentro de un espacio físico) no sucede lo mismo con eso que llamamos "tiempo" toda vez que este ni se ve, ni puede intuirse (en sentido físico, no psíquico).

Gabriel Boragina

Si, en cambio, lo que llamamos "tiempo" lo consideramos como un objeto o estado mental (no físico) en este específico supuesto cabe aplicar los verbos volver, regresar, retrotraer, etc. Ya que ello si ocurre entre los diferentes estados mentales del individuo.

Hablar de una "flecha" del tiempo supone un objeto físico preciso o precisable, medible o pesable. Pero si no hay tiempo, tampoco puede haber "flecha" de algo que no existe. El tiempo (como estado mental) admite la figura (también mental) de "flechas" que se dirigen y se mueven en sentido multidireccional (derecha, izquierda, arriba, abajo, etc.). Pero de la misma manera, también admite la de otras figuras geométricas como círculos, rectas, rombos, cuadrados, rectángulos, paralelogramos, cubos, etc.

El cambio (físico) implica el proceso físico de acción y reacción. Una y otra puede ser positiva o negativa.

Nada impide precisar aún más la idea hablando de un equilibrio armónico o inarmónico. O bien de un desequilibrio armónico o inarmónico. Todo es cuestión de perspectiva.

En la Biblia, Dios y Nuestro Señor Jesucristo hablaron del tiempo y en términos temporales, pero no porque ninguno de ellos creyera en el tiempo, ni porque lo hubieran "creado", sino porque, simplemente, debían adecuarse a las creencias y terminología propia de la humanidad a la que se dirigían. La creación del tiempo es una invención humana, fruto de la pérdida de la conciencia de nuestra divinidad, ocasionada por el primer pecado. Nada más contrario a una noción de "tiempo" que el concepto cristiano de *vida eterna.*

Dios no creó el tiempo, porque Dios es eterno y todo lo por El creado pertenece a esa misma condición junto con el

El Tiempo

hombre, que ha sido creado a su imagen y semejanza, es decir, creado eterno y destinado a recuperar su original eternidad por medio de la fe en Nuestro Señor Jesucristo y su obra.

Creer en un tiempo lineal y uniforme para todos por igual es fruto -en última instancia- de una mentalidad colectivista o socialista.

El concepto fundamental de esta obra es que el tiempo no existe porque no puede *percibirse*. Para lo cual, será oportuno recordar las definiciones pertinentes:

percibir
Del lat. percipĕre.
1. tr. Recibir algo y encargarse de ello. *Percibir el dinero, la renta.*
2. tr. Captar por uno de los sentidos las imágenes, impresiones o sensaciones externas.
3. tr. Comprender o conocer algo.

percepción
Del lat. perceptio, -ōnis.
1. f. Acción y efecto de percibir.
2. f. Sensación interior que resulta de una impresión material hecha en nuestros sentidos.
3. f. Conocimiento, idea.[57]

Dado que el tiempo no puede ser captado por los sentidos, ni es fuente externa de impresiones materiales, ni de sensaciones por el mismo motivo es imposible percibirlo. Sólo es posi-

---

[57] Real Academia Española © Todos los derechos reservados

ble idearlo o imaginarlo, de la misma manera que cualquier otro producto de la fantasía que crea nuestra mente.

Estamos recreando continuamente el pasado cuando aplicamos ahora lo que hemos aprendido alguna vez antes. Es decir, actualizamos el pasado convirtiéndolo en presente. o, en otros términos, el pasado existe en la medida que lo evocamos y recreamos. Deja de existir cuando hacemos lo contrario. Es como darle nueva forma a algo ya que venimos poseyendo desde antes. Pero no es, en rigor, el pasado lo que recreamos, sino los sucesos acaecidos en ese pasado. El tiempo no existe, por ende, no puede recrearse. Lo que se recrea son los sucesos que se dieron en "eso" que hemos convenido en llamar "pasado".

Es verdad que en diversas partes de este libro hemos hablado del tiempo como si efectivamente tuviera "movimiento", pero ha de quedar bien claro que el supuesto "movimiento" que pueda tener lo que llamamos "tiempo" es siempre de orden mental o psíquico: el tiempo solo "se mueve" en nuestra mente y es el único "lugar" donde "puede" hacerlo. No puede "moverse" fuera de nosotros ni en ningún espacio físico, ni dentro ni fuera de nuestra propia mente. Es en nuestra mente donde el tiempo "circula" o permanece "estático". Y es en este único sentido donde en este libro pudimos habernos referido a un supuesto "movimiento" de esa cosa llamada "tiempo". En ningún caso deberá entenderse que hubiéramos postulado o avalado un "movimiento" físico, que es como la mayoría de la gente acepta la idea de movimiento, incluso para el concepto mismo de tiempo.

Ahora bien, como instrumento de medición, es útil contar con una unidad de medida que es un valioso auxiliar para materias tales como el estudio de la historia, la contabilidad o las estadísticas. Este trabajo no postula por la supresión de unidades de medida que contabilicen el tiempo. Trata -en cambio- de separar ficción de *realidad*, convencionalismos de *sustancias*. Procura

El Tiempo

dejar en claro que lo que llamamos "tiempo" no es ninguna otra cosa que una mera convención social, a la que -tal vez en forma inadvertida- le hemos otorgado vida propia. No tiene nada de objetable ponerse de acuerdo en el uso de relojes y calendarios. La vida de relación, sobre todo la vida comercial y legal, sería bastante complicada sin tales convencionalismos y si se abandonaran dichos convencionalismos de golpe de la noche a la mañana (algo bastante poco probable, por cierto). Pero esto no tiene nada de censurable, en tanto y en cuanto, no se pierda de vista, que se trata de una mera *convención*, como cuando nos ponemos de acuerdo de medir la longitud de un objeto con un metro o una regla.

Resulta curioso -a mí al menos- que el hombre se considere en una posición de dominio con relación a la distancia (es decir, no sometido a ella) y en cambio se haya puesto en una situación de subordinación con relación al tiempo. Es muy extraño que el hombre se considere capaz de someter a su dominio a la distancia, pero no piense lo mismo respecto del tiempo; que la distancia no le represente ningún temor, y en cambio sí le tema al tiempo. Sin embargo, esto forma parte del poder que poseemos para crear y hacer realidad nuestros propios mitos. Tal lo ha hecho la humanidad respecto del tiempo.

El tiempo es algo a lo que la humanidad se somete, tal como aquel que lo hace con relación a lo que considera un destino inexorable. El *espíritu de manada* que nos inculcan las doctrinas colectivistas y de izquierda a la que somos permanentemente subordinados y a las que doblegamos a las generaciones próximas; nos inyectan aquella *fatal arrogancia* de la que bien habla Friedrich von Hayek, pretendiendo imponer a los demás el tiempo que nosotros hemos aceptado como único y universal. *Tributarios del tiempo somos, esclavos de un ente mítico creado por nuestras mentes.*

Gabriel Boragina

Si este breve ensayo sirvió -al menos- para desmitificar un poco el concepto de tiempo que tiene nuestra cultura contemporánea, en esa medida este autor se sentirá satisfecho. Y si no ha sido así, bueno, al menos hemos hecho el intento. Tómese este texto como una mera curiosidad.

www.ingramcontent.com/pod-product-compliance
Lightning Source LLC
Chambersburg PA
CBHW031620210526
45464CB00004B/1672